安全心理学

ANQUAN XINLIXUE

主　编：吴燕玲　雷克江
副主编：张民波　贾　沛
　　　　邱丹丹　李　文

图书在版编目(CIP)数据

安全心理学/吴燕玲,雷克江主编. —武汉:中国地质大学出版社,2024.6. —ISBN 978-7-5625-5893-4

Ⅰ. X911

中国国家版本馆 CIP 数据核字第 2024Y8S424 号

安全心理学

吴燕玲　雷克江　**主　编**

张民波　贾　沛　邱丹丹　李　文　**副主编**

责任编辑:王　敏	选题策划:王凤林	责任校对:宋巧娥
出版发行:中国地质大学出版社(武汉市洪山区鲁磨路388号)		邮编:430074
电　　话:(027)67883511	传　　真:(027)67883580	E-mail:cbb@cug.edu.cn
经　　销:全国新华书店		http://cugp.cug.edu.cn
开本:787毫米×1092毫米　1/16	字数:294千字	印张:11.5
版次:2024年6月第1版	印次:2024年6月第1次印刷	
印刷:武汉市籍缘印刷厂		
ISBN 978-7-5625-5893-4		定价:36.00元

如有印装质量问题请与印刷厂联系调换

前言

在当今社会，随着科技的飞速发展和工业化进程的加速推进，安全生产已成为企业可持续发展和社会稳定的重要基石。然而，在生产作业中，事故频发、人为失误等问题依然严峻，给人民的生命财产安全带来了巨大威胁。深入探究这些安全问题背后的心理机制，提高从业人员的心理素质和安全管理水平，对预防和减少事故的发生具有至关重要的意义。

安全心理学作为一门新兴的交叉学科，正是基于这样的现实需求应运而生。它运用心理学的理论和方法，系统研究人在生产活动中的心理现象及其规律，探讨如何通过改善人的心理状态、优化作业环境和管理方式等手段，来提升安全生产水平。安全心理学不仅关注个体层面的认知、情感、意志等心理过程对安全行为的影响，还深入到群体、组织乃至整个社会文化层面，分析各种社会心理因素对安全管理的制约与促进作用。

本书旨在全面系统地介绍安全心理学的基本理论、研究方法及其在实践中的应用。通过分析心理过程与安全的关系，揭示个性心理特征对安全行为的影响，探讨易致人为失误的生理、心理因素，以及如何通过操作行为优化、人机匹配、企业管理、心理干预等手段来提升安全生产效能。同时，本教材还关注事故后的心理调查分析与危机干预，为事故预防、应急处理和灾后恢复提供心理学视角的指导和支持。

本教材共分为8章，各章内容既相互独立又紧密相连，形成了一个完整的安全心理学知识体系。第一章绪论部分，简要介绍了安全心理学的定义、研究对象及任务、研究方法和发展史，为后续章节的展开奠定了基础。第二章—第七章，分别从不同角度深入探讨了心理过程与安全，个性心理与安全，易致人为失误的生理、心理因素，操作行为与安全，工作分析与人机匹配，以及企业管理心理因素与安全等关键问题。第八章则聚焦于事故心理调查分析与危机干预，为应对突发事件提供了心理学视角的应对策略。

我们相信，通过本教材的学习，读者不仅能够掌握安全心理学的基本理论和方法，还能够将所学知识应用于实际工作中，提升个人和组织的安全生产水平。同时，我们也期待本教材能够为安全心理学领域的研究者和实践者提供有益的参考和借鉴，共同推动安全心理学研究的发展进步。

本教材的编写工作主要由武汉工程大学的吴燕玲、雷克江、张民波、贾沛、邱丹丹老师和黄冈师范学院的李文老师完成。在编写过程中参考了很多已出版书籍及媒体资料，在此对原作者一并表示感谢。

由于编者水平有限，书中的错误和欠妥之处在所难免，恳请广大读者批评指正。

编　者
2024年5月

目 录

CONTENTS

第一章 绪 论 ……………………………………………………………………… (1)
  第一节 安全心理学的定义、研究对象及研究任务 ………………………… (1)
  第二节 安全心理学的研究方法 …………………………………………… (3)
  第三节 安全心理学的发展史 ……………………………………………… (5)

第二章 心理过程与安全 ………………………………………………………… (7)
  第一节 认知过程与安全 …………………………………………………… (7)
  第二节 情感过程与安全 …………………………………………………… (27)
  第三节 意志、注意与安全 …………………………………………………… (35)

第三章 个性心理与安全 ………………………………………………………… (45)
  第一节 概 述 ……………………………………………………………… (45)
  第二节 个性倾向性 ………………………………………………………… (47)
  第三节 个性心理特征 ……………………………………………………… (56)
  第四节 与安全密切相关的心理状态 ……………………………………… (67)

第四章 易致人为失误的生理、心理因素 ……………………………………… (72)
  第一节 概 述 ……………………………………………………………… (72)
  第二节 疲劳因素 …………………………………………………………… (73)
  第三节 时间因素 …………………………………………………………… (80)
  第四节 社会心理因素 ……………………………………………………… (85)

第五章 操作行为与安全 ………………………………………………………… (101)
  第一节 不安全操作行为的一般表现与心理分析 ………………………… (101)
  第二节 无意违章和有意违章操作行为分析 ……………………………… (105)
  第三节 解决违章行为的心理学方法 ……………………………………… (107)

第六章 工作分析与人机匹配 …………………………………………………… (114)
  第一节 工作分析 …………………………………………………………… (114)
  第二节 心理测量与人员选拔 ……………………………………………… (120)

第三节　工作设计与人机匹配 …………………………………………（128）
　　第四节　工作环境及优化设计 …………………………………………（131）
第七章　企业管理心理因素与安全 …………………………………………（144）
　　第一节　领导行为与安全心理 …………………………………………（144）
　　第二节　管理行为与安全心理 …………………………………………（149）
　　第三节　安全管理过程中的激励 ………………………………………（154）
第八章　事故心理调查分析与危机干预 ……………………………………（162）
　　第一节　事故心理原因的调查内容和方法 ……………………………（162）
　　第二节　事故状态下遇险人员的心理应激及干预 ……………………（167）
主要参考文献 ………………………………………………………………（177）

第一章 绪 论

人类的活动过程总是在各种各样的、复杂的人-机-环系统中进行的,在这样一个系统中,人是主要因素,起着主导作用,但同时也是最难控制和最薄弱的环节。安全心理学是一门以人的心理和行为规律为基础,以提高生产安全性和预防事故为目的的科学。笔者在本章主要介绍安全心理学的定义、研究对象、研究任务、研究方法及研究发展史。

第一节 安全心理学的定义、研究对象及研究任务

2021年6月10日第十三届全国人民代表大会常务委员会第二十九次会议修正的《中华人民共和国安全生产法》(2021年9月1日正式实施)中的第四十四条明确提出:"生产经营单位应当关注从业人员的身体、心理状况和行为习惯,加强对从业人员的心理疏导、精神慰藉,严格落实岗位安全生产责任,防范从业人员行为异常导致事故发生。"此条款虽然属于倡导性条款,没有对应的法律责任,但也着实具有重大意义和现实需要。有社会责任感的企业,应该从人文关怀的角度爱护每一位员工。员工只有身心健康,才会以饱满的精力投入工作,为单位乃至社会创造更大的价值。

一、安全心理学的定义

要了解什么是安全心理学,首先应当对心理学有一定的了解。

心理学是研究人的心理的科学。然而心理活动发生在头脑内部,不能被直接观察或度量。那么怎样去了解呢?幸好,心理活动有外部的行为表现,并且人们外显的行为表现是受内隐的心理活动支配的。比如:你哭是因为你悲伤,你笑说明你高兴,等等。在这里,"哭"的外显行为是由"悲伤"这一内隐心理活动支配产生的。一方面,对行为的观察使我们具有了探讨内部心理活动的可能;另一方面,心理活动是在行为中产生又在行为中得到表现的。心理和行为相互依存、相互影响,二者之间的转换是遵循一定规律的。心理学研究的目的就是探讨这些心理活动规律,使我们对人的心理和行为都能作出科学的解释。

当然,不同的社会条件、身体条件、年龄和性别的人,他们的心理活动有很大的不同,对同一件事情的行为反应也不一样,但他们都受多种共同规律的制约。掌握了各种心理活动与行为之间的规律后,便可以对人的行为加以解释、预测和调控。比如:教师很希望学生去参加一个活动,他就会说这个活动多么好、多么有意义,值得参加,在其大力鼓动下大多数学生就会去了;但如果教师不想让学生去,他就会说这个活动意义不大,问题较多,去了会惹麻烦,等

等,这样,去的人数肯定就少。

安全心理学是心理学和安全工程学相交叉的一个学科,主要研究人在劳动过程中与心理活动有关系的安全问题。它运用心理学的理论,研究分析在生产过程中伴随生产设备设施、工作环境、作业人员之间关系而产生的一系列心理活动。安全心理学旨在发现意外事故中的心理规律,为安全生产提供一定的科学依据,积极发挥事故防控作用。

二、安全心理学的研究对象

安全心理学要研究安全问题,而影响安全的因素很多,既有人本身的因素,也有技术的、社会的、环境的因素。安全心理学并不企图研究所有影响人的安全的因素,而只是从心理学的特定角度研究人的安全问题。安全心理学也要涉及其他因素,但着眼点是讨论分析其他各因素如何影响人的心理,进而影响人的安全。

安全心理学的研究对象具体有如下几个方面。

(1)研究生产设备、设施、工具、附件如何适合人的生理、心理特点,如研究机器设备的显示器、控制器、安全装置如何适合人的生理、心理特点及其要求,以便于操作,减轻体力负荷,保持良好姿势,从而达到安全、舒适、高效的目的。

(2)研究工作设计和环境设计如何适合人的心理特点。如研究改进劳动组织,合理分工协作,制定合理的工作制度(包括适宜的轮班工作制),丰富工作内容,减少单调乏味的劳动,制定最合适的工时定额,设计适宜的工作空间、适宜的工作场所布置和色彩配置,播送背景音乐,建立良好的群体心理气氛等。

(3)研究人如何适应机器设备和工作的要求,包括通过人员选拔和训练,使操作人员能与机器的要求相适应;研究人的作业能力及其限度,避免对人提出能力所不及的要求。根据现代心理学的学习理论加速新工人的职业培训和提高工人的技术水平及对训练的绩效进行评价等。

(4)研究人在劳动过程中如何相互适应,诸如研究与安全生产有关的人的动机、需要、激励、参与、意见沟通、正式群体与非正式群体、领导心理与行为、建立高效的生产群体等。

(5)研究如何用心理学的原理和方法分析事故的原因和规律,诸如研究人的行为、与行为有关的事故模式、人在劳动过程中的心理状态、与事故有关的各种主观和客观的因素(如人机界面、工作环境、社会环境、管理水平、个人因素),特别是个人因素(如智力、健康和身体条件、工作经验、年龄、个人性格特征、情绪),以及事故的规律等。

总之,在研究这些问题时,首先要研究人的心理过程的特点及这些特点对劳动者个人的作用,其次还必须考虑个性心理及某些个人生活因素。

必须指出的是,虽然安全心理学在探讨事故原因和防止工伤事故中具有重要作用,但在安全科学领域中,安全心理学只属于"软件"范畴,不能"越俎代庖",取代劳动安全"硬件"方面的工作,尤其是安全措施方面的工作(如防火防爆的技术措施、设备的安全装置等)。做好安全工作,若不从落实组织措施、加强企业管理、改善设备情况、改进工艺流程、改善作业环境条件、加强职工培训等方面去考虑,空谈安全心理学是没有意义的。

三、安全心理学的研究任务

安全心理学主要研究生产中意外事故发生的心理规律，并为防止事故发生提供科学依据。其主要研究内容有：①意外事故的人的因素的分析，如疲劳、情绪波动、注意力分散、判断错误、人事关系等对事故发生的影响；②工伤事故肇事者的特性研究，如智力、年龄、性别、工作经验、情绪状态、个性、身体条件等与事故发生率的关系的研究；③防止意外事故的心理学对策，如从业人员的选拔（即职业适宜性检查），符合工程心理学要求的机器设计，安全宣传和安全教育的开展，以及安全观念和安全意识的培养等。

总的来说，安全心理学的根本任务是减少生产中的伤亡事故。从心理学的角度研究事故的原因，研究人在劳动过程中心理活动的规律和心理状态，探讨人的行为特征、心理过程、个性心理和安全的关系，发现和分析不安全因素、事故隐患与人的心理活动的关联，以及导致不安全行为的各种主观和客观的因素。从心理学的角度提出有效的安全教育措施、组织措施和技术措施，预防事故的发生，以保证人员的安全和生产的顺利进行。

第二节 安全心理学的研究方法

安全心理学是心理学的一个分支，因此，心理学研究中的一般通用方法都可以应用于安全心理学的研究。但是，造成生产事故的原因是相当复杂的，因此，安全心理学的研究除了遵循心理学的一般研究方法外，尚有其本身的特点。

一、观察法

研究者用感官或借助仪器收集资料的方法叫观察法，可分为自然观察和参与观察。

（1）自然观察。在自然情境中对人的行为进行观察，其特点是对所观察的行为尽可能少干预。自然观察的功能是描述行为，提供"类别"及"数量"的信息，即回答"是什么"的问题。此外，它也可以提供某些经验数据。自然观察是所有研究方法的基础。

（2）参与观察。观察者与被观察者之间存在互动关系，这种观察叫参与观察，即观察者作为被观察者群体的一员进行的观察。其特点是，由于身临其境，观察者可能获得较多的"内部"信息。采用参与观察时应尽量减少观察者与被观察者之间相互作用的负面影响。例如，观察者应隐瞒自己的身份。

二、调查法

调查法是通过访谈、问卷等方式收集和分析人的心理活动和行为数据的一种方法。在安全心理学中，调查法可用于了解人对安全问题的认知、态度和行为，以便更好地制定安全宣传和教育方案。

1. 访谈法

研究者通过与研究对象进行口头交谈来收集资料的方法叫访谈法。与观察法一样，访谈法也是直接收集资料的基本方法。

1)特点

访谈过程是访谈者与被访者双方互相影响的过程。若想访谈成功,访谈者必须在双方的人际沟通中取得信任,使被访者积极配合。访谈必须具备特定的目的性,要有一套访谈提纲设计、编制与实施的原则,这是为了保证访谈的有效性、客观性和科学性。访谈法是一种科学方法,不是一般的"聊天"。

2)分类

结构访谈与非结构访谈。前者是标准化访谈,即按统一要求,依照一定结构的问卷进行的正式访谈;后者的访谈提纲是一个粗线条式的,访谈者可视实际情况灵活掌握与调整。结构访谈的优点是结果易于统计分析,但灵活性较差。

直接访谈与间接访谈。前者是面对面的访谈;后者是访谈者通过一定的中介进行的,常见的有电话访谈等。直接访谈不仅能获得言语信息而且还能得到非言语信息,因而有助于对结果的解释与分析,但这种访谈对访谈者的要求较高,花费较多;间接访谈的优点是,收集资料相对较少,花费较小。

2. 问卷法

研究者用统一的、严格设计的问卷收集资料的研究方法叫问卷法。它是安全心理学研究的常用方法之一。

1)特点

问卷法有两个特点:一是标准化程度较高,整个过程严格按一定原则进行从而保证了研究的准确性和有效性,避免主观性及盲目性;二是收效快,能在短期内获得大量信息。

2)类型

结构问卷。每一问题都给出若干可能的答案,被调查者从中选择认为恰当的一个(有时是多个)答案。其优点是:填写简单明快、用时较少,资料便于统计分析。

无结构问卷。问题虽然是统一的,但未给予任何选择答案,被调查者可自由作答。其优点是:可获得丰富的资料,能进行较深入的研究。

三、个案法

个案法是对某一被试者所做的多方面的深入详细研究,包括他的历史资料、作业成绩、测验结果,以及别人对他的评价等,目的在于发现影响某种心理和行为的原因。个案法又叫个案历史技术,这种方法强调的是个体之间的差异。例如,对超常儿童的跟踪研究就是运用的个案方法。通过对超常儿童的个案研究,可以了解超常儿童的个性特点、影响他们创造性发挥的主客观条件等。此外,像单亲家庭对儿童心理发展的影响、问题儿童所受到的影响等也可以运用个案法进行研究。个案法是对一个人进行研究所得到的结果,能否加以扩展,应该慎重分析。

四、心理测量法

心理测量法是一种常用的安全心理学研究方法。它通过测量人的心理特质、情感、认知和行为等方面的特征,来评估个体的心理状态和行为倾向,进而探究其与安全的关系。心理测量法通常采用各种心理测验工具,如问卷、量表等,来收集数据并进行分析。这些工具通常经过标准化处理,以确保测量的可靠性和有效性。通过心理测量法,研究者可以了解个体的心理特征和行为模式,从而预测其在特定情境下的反应和行为,为制定相应的安全措施提供依据。

五、模拟仿真

模拟仿真通过构建与真实环境相似的模拟场景,观察和分析参与者在模拟场景中的心理反应和行为表现,从而揭示人的心理规律,主要包括心理模拟法、虚拟仿真技术和实验模拟等。

(1)心理模拟法。心理模拟法通过建立与研究对象相类似的模型来探索心理特征和规律。构建特定事故的模拟场景,让参与者扮演相关角色,观察和分析他们在模拟场景中的心理反应和行为表现。

(2)虚拟仿真技术。虚拟仿真技术通过计算机技术生成三维虚拟环境,让参与者身临其境地感受模拟场景。虚拟仿真技术可以模拟各种安全事故现场,如火灾、交通事故等,让参与者在虚拟环境中进行模拟操作和决策。通过收集和分析参与者在虚拟环境中的心理反应和行为数据,可以揭示人在安全事故中的心理规律和行为特点。

(3)实验模拟。实验模拟通过设置特定实验条件来模拟安全事故现场,以观察和分析参与者的心理反应和行为表现。实验模拟可以严格控制实验条件,排除其他干扰因素,从而更准确地揭示人的心理规律。实验模拟可以应用于研究人的认知、情感、意志等心理过程在安全事故中的作用和影响。

模拟仿真方法已广泛应用于事故预防、安全教育、安全培训等领域。通过模拟仿真,人们可以更加深入地了解人的心理特点和行为规律,为制定有效的安全措施和策略提供科学依据。

以上是常用的安全心理学研究方法,这些方法在不同的情况下可以有所选择和使用。在使用这些方法时,需要注意遵守伦理规范和研究程序,确保受试者的权益和安全。

第三节 安全心理学的发展史

安全心理学的发展史可以追溯到20世纪初。在这个阶段,人们对安全的认识还只是停留在工程技术和管理工作的层面,安全生产事故和交通事故等安全问题逐渐凸显出来,人们开始意识到安全问题的重要性。

在这个背景下,一些学者开始从心理学的角度研究安全问题,安全心理学逐渐发展成为一门独立的学科。早期的安全心理学研究主要关注人的行为和心理过程与安全的关系,如人的反应时间、决策过程、注意分配等。这些研究为后来的安全心理学发展奠定了基础。

20世纪中叶,随着系统安全理论的形成和发展,人们开始认识到安全问题不仅是工程技术因素的问题,也涉及人的行为和心理因素。这个时期的安全心理学研究开始注重人的认知、情感、动机和行为等多个方面,探究它们与安全的关系。这些研究为制定相应的安全措施和应对策略提供了重要的理论和实践指导。

同时,随着计算机技术和人工智能的发展,人们开始将计算机模拟技术应用于安全心理学研究中。通过模拟真实环境下的条件和情境,研究者可以更好地了解人在紧急情况下的反应和行为,探究事故发生的原因和心理因素。这种方法为制定更加有效的安全措施提供了更加可靠和客观的依据。

在发展过程中,一些重要事件也对安全心理学的发展产生了影响。例如,美国明尼苏达州一家煤气公司曾对3000多名职工进行了工作满意因素的调查,结果发现,首要因素是心理因素。此外,在第二次世界大战期间,因需要征集大量兵员,使人员选拔方法和培训措施得以发展;对于复杂的武器系统,需要更好地研究机器如何与操作者配合,即需进一步研究人机关系,为工程心理学(亦即人机工程学、人类工效学)的诞生奠定了基础。

我国安全心理学的发展起步较晚,但发展迅速。随着国家对安全生产和公共安全的重视程度不断提高,安全心理学的研究和应用得到了广泛的支持和发展。例如,我国的一些高校和研究机构开始设立安全心理学专业或研究方向,培养了一批专业的安全心理学人才。同时,政府和企业也开始广泛应用安全心理学的理论和方法,制定相应的安全措施和应对策略,提高生产安全和公共安全水平。

总之,安全心理学的发展历史表明,随着人们对安全问题的认识不断提高和技术手段的不断进步,安全心理学的研究和应用将不断深入和发展。未来,随着人工智能、大数据等新技术的应用,安全心理学将迎来更加广阔的发展前景和应用领域。同时,我们也需要不断加强基础研究和应用研究,提高安全心理学的理论水平和应用能力,为保障人类生命安全、提高生产效率方面提供更加科学有效的支持和服务。

思考题

1. 安全心理学的主要研究内容是什么?
2. 安全心理学在学科中的重要性是什么?
3. 如何将安全心理学应用到实际生产中?
4. 人的不安全行为和心理因素有哪些关联?
5. 如何通过安全心理学提高企业安全管理水平?
6. 举例说明安全心理学在生产实践中的应用。
7. 你认为安全心理学未来的发展趋势是什么?
8. 安全心理学对个人和企业有何意义?
9. 你认为安全心理学对社会发展的重要性是什么?

第二章 心理过程与安全

人的心理现象是心理学研究的主要对象,它包括既有区别又紧密联系的心理过程和个性心理两个方面。人的心理现象见图 2-1。

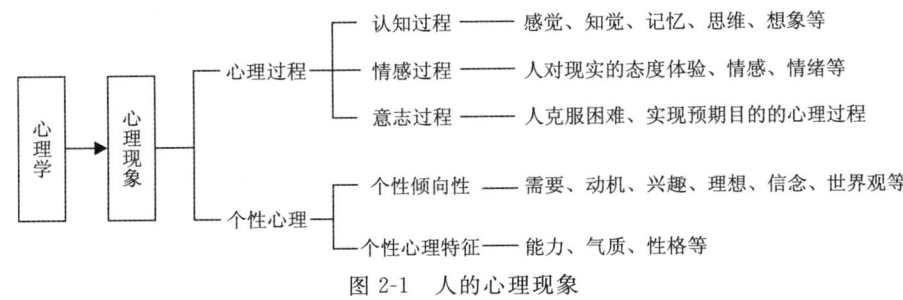

图 2-1 人的心理现象

心理过程是人的心理活动的基本形式,是指心理活动发生、发展的过程,也是人脑对客观现实的反映过程。最基本的心理过程是认知过程,它是人脑对客观事物的属性及其规律的反映,即人脑的信息加工活动过程。以知觉过程为例,我们看到一个物体,先要用眼睛接受来自物体的光刺激,然后经过神经系统的加工,把光刺激转化为神经冲动,从而察觉到物体,接着要将看到的物体从它的环境或背景中区分开来,最后确认这个物体,并叫出它的名称。认知过程包括感觉、知觉、记忆、想象和思维等。人在认识客观事物时,一般不会无动于衷,总会对它采取一定的态度,并产生某种主观体验,这种认识客观事物时所产生的态度的体验则是情感过程。情感过程包括情绪和情感。情绪和情感在心理学中略有区别,前者与生理的需要满足有关,后者与社会性的需要满足有关。根据对客观事物的认识,自觉地确定目标、克服困难、力求加以实现的心理过程,称为意志。认知、情感、意志这 3 个心理过程,虽有区别,但互相联系,互相促进,是统一的心理过程的 3 个方面。

第一节 认知过程与安全

认知过程是指人认识外界事物的过程,或者说是对作用于人的感觉器官的外界事物进行信息加工的过程,包括感觉、知觉、记忆、表象、言语、思维和想象等心理现象。这些心理现象对人的行为产生了重要的影响,研究这些心理现象与安全的关系,对预防事故的发生有着非常重要的意义。

一、感觉

感觉是人脑对直接作用于感觉器官的客观事物个别属性的反映。

一个物体有它的光线、声音、温度、气味等属性,我们的每个感觉器官只能反映物体的一个属性,眼睛看到光线,耳朵听到声音,鼻子闻到气味,舌头尝到滋味,皮肤摸到温度和光滑的程度,等等。每个感觉器官对直接作用于它的事物的个别属性的反映就是一种感觉。

按照刺激的来源可把感觉分为外部感觉和内部感觉。外部感觉是由外部刺激作用于感觉器官所引起的感觉,包括视觉、听觉、嗅觉、味觉和皮肤感觉(皮肤感觉又包括触觉、温觉、冷觉和痛觉)。内部感觉是由身体内部带来的刺激所引起的感觉,包括运动觉、平衡觉和机体觉(机体觉又叫内脏感觉,包括饿、胀、渴、窒息、恶心、便意和疼痛等感觉)。

(一)视觉

人-机-环境系统中安全信息的传递、加工与控制,是系统能够存在与安全运行的基础之一。人在感知过程中,80%以上的信息是通过视觉获得的。视觉是最重要的感觉通道。

1. 视觉系统

视觉系统,包括眼、视觉传入神经和大脑皮层视区3个部分。

眼,又称眼球,是视觉的外周感受器。人眼呈球形,表面有平滑的曲率,可以将图像聚焦在视网膜上。视网膜包含数亿的感光细胞,这些细胞可以将光信号转化为神经脉冲,传输到大脑进行图像处理。人眼结构见图2-2。

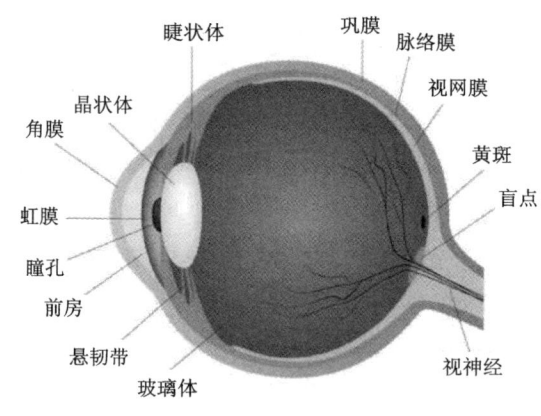

图2-2 人眼结构示意图

2. 视觉刺激

视觉的适宜刺激是光,光是辐射的电磁波。人类所能接受的光波波长在380~780nm范围内,约占整个光波的1/70,并可区别光的亮度和一定范围的颜色,在此波长范围之外的电磁波射线,人眼无法看见。

3. 视觉功能的主要特征

（1）人眼的视角。视角是被看对象物的两点光线投入眼球时的相交角度,用来表示被看物体与眼睛的距离关系。视觉的大小既取决于物体的大小,也取决于物体与眼睛的距离。视角的大小与人眼到物体的距离成反比,见图2-3。

图 2-3　人眼的视角

（2）人的视敏度。视敏度又称为视力,是辨认外界物体的敏锐程度,是指在标准的视觉情景中感知最小的对象与分辨细微差别的能力。

影响视敏度的主要因素是亮度、对比度、背景反射与物体的运动等。亮度增加,视敏度可提高,但过强的亮度反而会使视敏度下降。在亮度好的情况下,随着对比度的增加,视敏度也会更好。视敏度在一昼夜间变化很大,清晨视敏度较差,夜晚更差,只有白天的3％～5％。

（3）人眼的颜色感知。人类可以感知的颜色范围非常广泛,包括从红色到紫色的整个可见光谱。人类可以分辨出数百万种不同的颜色,而且对颜色的感知是相对的,即不同的颜色在亮度、饱和度和色调上可以相互比较。

（4）人眼的视野范围。视野是指在人的眼球不转动的情况下,观看正前方所能看见的空间范围,又称为静视野。眼球自由转动时能看到的空间范围称为动视野。视野常以角度来表示。在工业造型设计中,一般以静视野为依据进行设计,以减少人的视觉疲劳。

在水平面内的视野是：两眼视区在左右60°以内的区域；人最敏感的视力在标准视线每侧10°的范围内；单眼视野界限为标准视线每侧94°～104°。水平视野范围见图2-4。

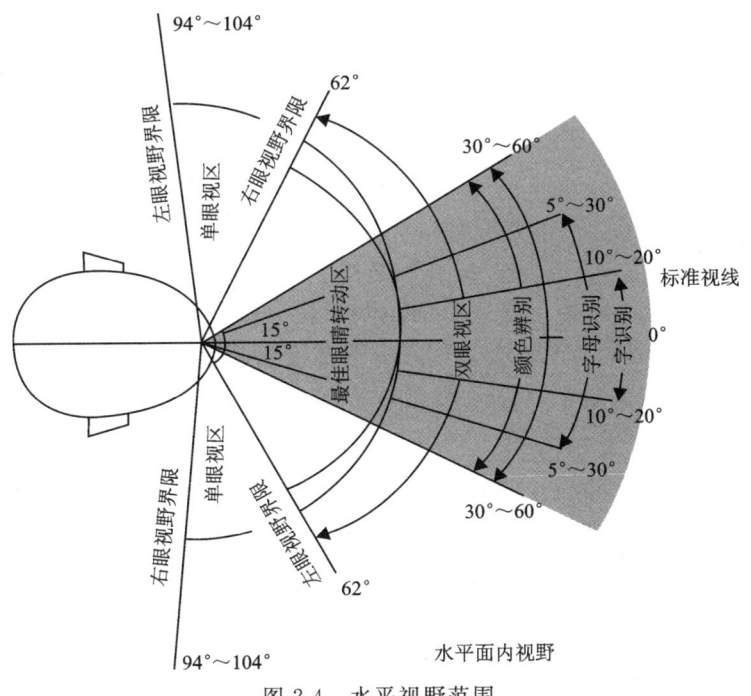

图 2-4　水平视野范围

在垂直面内的视野是：最大视区为标准视线以上50°和标准视线以下70°。颜色辨别界限在标准视线以上30°和标准视线以下40°。实际上，人的自然视线是低于标准视线的。在一般状态下，站立时自然视线低于标准视线10°，坐着时自然视线低于标准视线15°；在很松弛的状态中，站着和坐着的自然视线分别偏离标准视线30°和38°。垂直视野范围见图2-5。

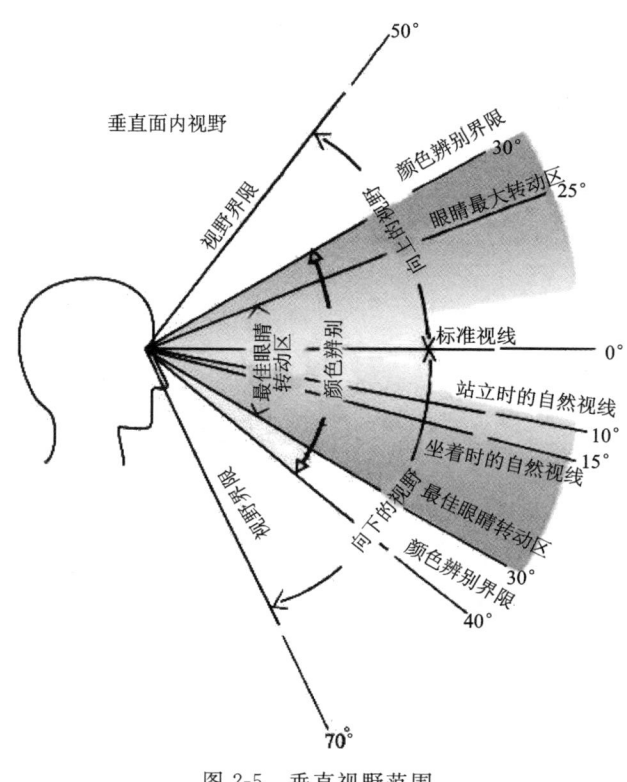

图2-5 垂直视野范围

(5)视距。视距是指人在控制系统中正常的观察距离。观察各种显示仪表时，若视距过远或过近，对调动速度和准确性都不利，根据观察物体的大小和形状，一般应在380～760mm之间，以560mm为最佳距离。

4. 视觉特征

(1)眼睛沿水平方向运动比沿垂直方向运动快而且不易疲劳；一般先看到水平方向的物体，后看到垂直方向的物体。因此，很多仪表外形都设计成横向长方形。

(2)视线的变化习惯是从左到右、从上到下和顺时针方向，所以仪表的刻度方向设计应遵循这一规律。

(3)人眼对水平方向尺寸和比例的估计比对垂直方向尺寸和比例的估计要准确得多，因而水平仪表的误读率(28%)比垂直式仪表的误读率(35%)低。

(4)当眼睛偏离视中心时，在偏离距离相等的情况下，人眼对左上限的观察最优，依次为右上限、左下限，而右下限最差。视区内的仪表布置必须考虑这一特点。

(5)两眼的运动总是协调的、同步的，在正常情况下不可能一只眼睛转动而另一只眼睛不动;在一般操作中,不可能一只眼睛视物而另一只眼睛不视物。因而通常都以双眼视野为设计依据。

(6)人眼对直线轮廓比对曲线轮廓更易于接受。

(7)颜色对比与人眼辨色能力有一定关系。当人从远处辨认前方的多种不同颜色时,其易辨认的顺序是红色、绿色、黄色、白色,即红色最先被看到。所以,停车、危险等信号标志都采用红色。当两种颜色配在一起时,易辨认的顺序是黄底黑字、黑底白字、蓝底白字、白底黑字等。因而公路两旁的交通标志常用黄底黑字(或黑色图形)。

(二) 听觉

听觉系统是人获得外部信息的又一重要感官系统。在人-机-环系统中,听觉显示仅次于视觉显示。由于听觉是除触觉以外最敏感的感觉通道,在传递信息量很大时,不像视觉那样容易疲劳,因此一般用作警告显示,通常和视觉信号联用,以提高显示装置的功能。

1. 听觉系统

人的听觉系统主要包括耳、传导神经和大脑皮层听区3个部分。耳在结构上分为外耳、中耳和内耳3个部分。外耳的自然谐振频率为2.4kHz,人对2.4kHz左右的声音最为敏感。鼓膜将外耳和中耳隔开,在声波作用下自由振动,在共振条件下鼓膜达到振动匹配。中耳里有3根相互连接并形成杠杆作用的听骨,保证鼓膜的正常振动,起到阻抗匹配作用,并将压力与振幅传给内耳的淋巴液。内耳底膜上的柯蒂氏器是听觉系统的核心部分,其上布满起听觉感受器作用的毛细胞。毛细胞受到振动时,会引起神经末梢兴奋,产生电信号,将声能转换成神经冲动传至大脑皮层听觉区。人耳结构见图2-6。

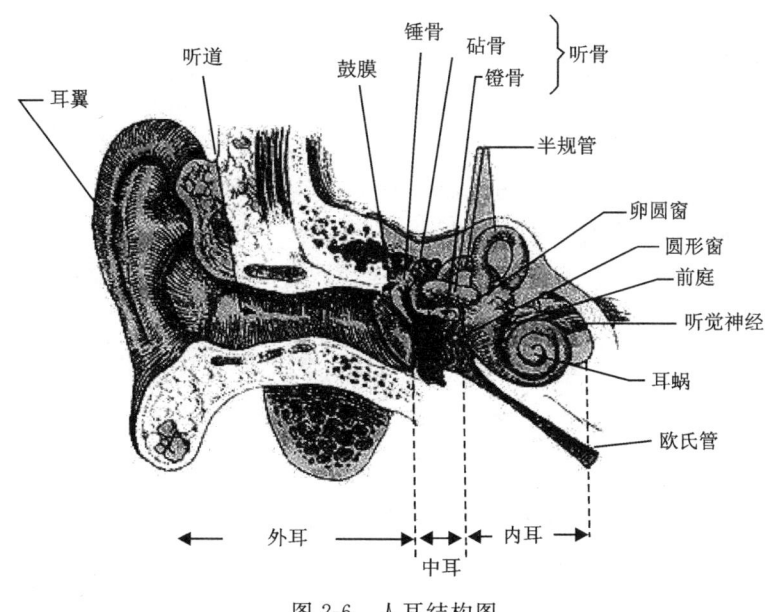

图2-6 人耳结构图

2. 听觉刺激

听觉的刺激物是声波。声波是声源在介质中向周围传播的振动波；波的传播速度随传播介质的特性而变化。一定频率范围的声波作用于人耳就产生了声音的感觉。人耳所能听到的声音频率范围一般为20～20 000Hz，低于20Hz的次声和高于20 000Hz的超声，人耳听不到。

3. 听觉效应

人能够通过听觉获取丰富的信息，包括声音的强度、音高、音色、方向和立体声等方面的信息。这些信息对人类的生存和发展都非常重要，能够帮助人们更好地适应环境，提高生存能力和生活质量。同时，人耳还具有以下一些效应。

（1）双耳效应。双耳效应是指人耳对外界声音方位的辨别特性。人的双耳并不是各听各的，而是有分工、有配合的。通过双耳效应，人们可以清晰地辨别出每一种声音来自何方。

（2）掩蔽效应。掩蔽效应是一种听觉现象，即较弱的声音受到较强的声音影响。在日常生活中，如在公交车上说话需要很大声才能被听清，这是因为公交车发动机的噪声将我们的话音掩蔽，公交车发动机的噪声成为掩蔽声，我们的话音成了被掩蔽声。人们根据人耳的掩蔽效应，发明了隔音效果优异的耳机。

（3）颅骨效应。颅骨效应是指声音通过颅骨传导入人耳的现象。人们的说话声会通过两种途径传播：一种是音源—空间—人耳—大脑；另一种是音源—人体颅骨—大脑。

（4）鸡尾酒会效应。鸡尾酒会效应揭示了人耳的一个很奇特的效应，那就是选择性收听。在鸡尾酒会嘈杂的人群中，两人可以顺利交谈，尽管周围噪声很大，但两人耳中听到的是对方的说话声，似乎听不到谈话内容以外的各种噪声。这是因为人们已经把各自的关注重点放在谈话主题上了。

（5）回音壁效应。回音壁效应是指当声音在墙壁之间多次反射后，产生了一种扩音效果，使得声音听起来更响亮。

（6）多普勒效应。多普勒效应是指当声音源与接收者之间有相对运动时，接收者感知到的声音频率会发生变化。例如，当一辆救护车朝你驶来时，你听到的车笛声音调会比平时高；而当救护车驶离你时，你听到的车笛声音调会比平时低。

（7）哈斯效应。哈斯效应是指在一个封闭空间内，如果一个声音的频率较高，则墙壁反射声波时会产生更多的衍射和混响，使这个声音听起来更加响亮。

这些效应都是人耳对声音处理的特性，能帮助人们更好地感知和理解声音，进而与环境进行交流和适应。

（三）嗅觉和味觉、肤觉

1. 嗅觉和味觉

嗅觉和味觉都属于化学觉，各有自己的特殊受纳器，但两者经常密切结合在一起协调工作。嗅觉是由化学气体刺激嗅觉器官引起的感受。人的嗅觉灵敏度用嗅觉阈值表示。嗅觉阈值是引起嗅觉气味的最小浓度,一般以每升空气中含有该物质的毫克数表示。

味觉是溶解物质刺激口腔内味蕾而产生的感觉。味蕾分布于口腔黏膜内,特别是在舌尖部和舌的侧面分布更广。

2. 肤觉

从人的感觉对人-机-环系统的重要性来看,肤觉是仅次于听觉的一种感觉。皮肤是人体很重要的感觉器官,感受着外界环境中与它接触物体的刺激。人体皮肤上分布着3种感受器:触觉感受器、温度感受器和痛觉感受器。用不同性质的刺激检验人的皮肤感觉时发现,不同感觉的感受区在皮肤表面呈相互独立的点状分布。

(四)内部感觉

内部感觉是指通过身体内部的生理变化而获得的感觉,主要包括机体觉、平衡觉和运动觉等。

1. 机体觉

机体觉是机体内部器官受到刺激而产生的感觉,也称为内脏感觉。当各种内脏器官工作正常时,各种感觉融合为一种整体感觉,称为自我感觉。在工作异常或发生病变时,个别的内部器官能产生痛觉或其他感觉。

内感受器的神经末梢比较稀疏,一般强度的刺激信号在从内感受器到达大脑时常被外感受器的信号所掩盖,因此,机体觉在调节内脏器官的活动中起重要作用,但并不被个体明显地意识到。只有当刺激强烈或不断刺激时,机体觉才会变得较鲜明。

机体觉有饥、渴、气闷、恶心、窒息、牵拉、便意、胀和痛等。它对调节机体内部环境、维持机体与环境之间的平衡关系以及适应外部环境变化等有着重要的生物学意义。在工作中,我们需要注意这些感觉的变化,防止过度劳累或者病变导致的不适或疼痛,及时调整身体状态以预防事故发生。

2. 平衡觉

平衡觉,也称为静觉,是人体内部感觉的一种,它与身体的平衡状态密切相关。平衡觉的感受器是内耳的前庭器官,包括半规管和椭圆囊等结构。当身体姿势或头部位置改变时,前庭器官会受到刺激,产生相应的神经冲动,最终形成平衡觉。

平衡觉反映的是人体的姿势和地心引力的关系,它能帮助人们感知自己的身体状态和环境变化。例如,当人们感到站立不稳时,平衡觉可以提醒他们调整姿势;当人们进行运动时,平衡觉可以帮助他们感知身体的运动状态和调整运动方式。

平衡觉在保持身体平衡中起着重要作用,尤其是在乘船、乘车、乘飞机等运动过程中。如果前庭器官受到强烈刺激,如晕车、晕船等情况,会引起恶心、呕吐等反应。

总之,平衡觉是一种重要的内部感觉,它能够感知身体平衡状态和运动状态,帮助人们维持身体平衡和适应环境变化。

3. 运动觉

运动觉，也称为动觉，它让我们感知自身的姿势和身体各部位的运动状态。运动觉的感受器分布在身体的肌肉、肌腱和关节中，如肌梭、腱梭、关节小体中等。身体运动时，肌肉的伸缩、关节角度的变化产生的刺激作用于这些感受器，产生神经冲动，传入神经沿脊髓后索上行经丘脑，最后到达大脑皮层中央后返回而产生运动感觉。

运动觉不仅有助于理解视、听、触、平衡等各种感觉之间的关系，而且是各种动作准确进行的基础。没有运动觉与其他感觉的结合、协调活动，就不可能形成清晰的视觉映象。例如，视动系统的建立是视知觉的根本保证，而动觉与肤觉的结合形成触摸觉，它是非视觉条件下感知事物大小、形状、弹性的必要条件。

此外，运动觉对言语活动也非常重要。运动觉对声带、舌、唇的调节是正常言语活动的保证，否则人便无法感知语音。随意运动的进行更是离不开运动觉信息的调节。

内部感觉在安全生产中发挥着重要的作用。通过重视和利用内部感觉的预警作用，人们可以更好地保障自身的安全，减少事故的发生。因此，在工作中应时刻关注身体的感受，及时调整状态，确保安全生产的顺利进行。

（五）感觉现象

1. 感觉适应

在外界刺激持续作用下感受性发生变化的现象叫作感觉适应。例如，从亮的环境到暗的环境，开始看不到东西，后来逐渐看到了东西，这是视觉的暗适应；从暗的环境到亮的环境，开始觉得光线刺得眼睛睁不开，但很快就习惯了，这是视觉的明适应；"入芝兰之室，久而不闻其香"，这是嗅觉的适应；手放在温水里，开始觉得热，慢慢就不觉得热了，这是温度觉的适应。各种感觉都能发生适应的现象，痛觉则难以适应，因为痛觉具有保护作用。在各种感觉适应的现象中，暗适应是感受性提高的过程，其他适应过程一般都表现为感受性降低。

2. 感觉后象

外界刺激停止作用后，暂时保留的感觉印象叫作感觉后象。例如，电灯灭了，眼睛里还会看到亮着的灯泡的形状，这就是视觉的后象；声音停止以后，耳朵里还有这个声音的余音在萦绕，这是听觉的后象。

与刺激物性质相同的后象叫正后象，如看到白光以后眼睛里仍保留着白光的感觉；与刺激物性质相反的后象叫负后象，如看到灯灭了，眼睛里却留下了一个黑色灯泡的形象。彩色的负后象是刺激色的补色，如红色的负后象是蓝绿色；黄色的负后象是蓝色。正负后象可以相互转换，后象持续的时间与刺激的强度成正比。

3. 感觉对比

不同刺激作用于同一感觉器官，使感受发生变化的现象叫作感觉对比。两种感觉同时发生所形成的对比叫作同时对比,如明暗相邻的边界上,看起来亮处更亮,暗处更暗了(即马赫带现象),这是明度的对比;又如,绿叶陪衬下的红花看起来更红了,这是彩色对比现象。彩色对比的效果是产生它的补色。

两种感觉先后发生所形成的对比叫作相继对比,如吃完苦药以后再吃糖会觉得糖更甜了;从冷水里出来再到稍热一点的水里觉得水更热了。

4. 联觉

一个刺激不仅引起一种感觉,同时还引起另一种感觉的现象叫作联觉。如红色看起来觉得温暖,蓝色看起来觉得清凉;听节奏鲜明的音乐时觉得灯光也和音乐节奏一样在闪动,这些现象都叫作联觉。

(六)感觉与安全

感觉在安全生产中起着至关重要的作用,它影响着我们对外界环境和自身状态的认知和反应,进而影响我们的行为和决策。

首先,视觉在安全生产中起着重要的作用。人们通过视觉能够感知生产设备的运行状态、仪表读数、操作流程等,以及发现潜在的危险和问题。在许多生产过程中,工作人员需要时刻关注设备状态和环境变化,以便及时采取措施防止事故发生。如果视觉受到影响,如视力疲劳或视野受限,可能导致工作人员不能及时发现危险,从而增加事故发生的风险。

其次,听觉在安全生产中也具有重要意义。通过听觉,人们可以感知到异常声音或噪声,如机械故障、气体泄漏等。这些声音表明可能潜在的危险或问题,提醒工作人员及时采取措施。如果听觉受到影响,如听力下降或受噪声干扰,可能导致工作人员不能及时察觉异常声音,延误了事故处理的最佳时机。

再次,嗅觉在某些生产环境中也非常重要。例如,在化工、石油等行业中,工作人员需要依靠嗅觉来检测气体泄漏或其他潜在的危险物质。如果嗅觉受到影响,如嗅觉疲劳或嗅觉失灵,可能导致工作人员不能及时察觉危险物质,增加事故发生的可能性。

最后,对于一些需要高度协调性和精确度的职业,如驾驶员、高空作业等,内部感觉的作用尤为重要。内部感觉让我们感知身体的位置、运动状态和肌肉、关节的张力等,这对保持平衡、协调动作和防止失控至关重要。内部感觉的准确性和稳定性对保证安全操作至关重要。

总之,感觉在安全生产中起着重要的作用。通过利用好各种感觉系统,提高对外界环境和自身状态的认知和反应能力,我们可以更好地预防事故的发生,保障生产的安全顺利进行。同时,对于一些特殊职业,如驾驶员、高空作业等,也需要通过特殊的训练和防护措施来保障人员的安全。

二、知觉

知觉是直接作用于感觉器官的客观事物的整体在人脑中的反映。它是各种感觉器官协同活动的结果,并受人的知识经验和态度的制约。同一物体,不同的人对它的感觉是相同的,但对它的知觉却会有差别。

(一)知觉的基本特性

知觉的基本特性主要包括以下几点。

(1)整体性。人们将不同的部分或属性组合成一个有意义的整体。这种特性有助于人们更好地理解事物,并识别出重要的信息。

(2)选择性。人们倾向于将注意力集中在某些特定的刺激或刺激组合上,而不是分散在所有的刺激上。这种特性使人们能够更好地集中注意力和处理信息。

(3)恒常性。在一定范围内,知觉的条件发生了变化,而知觉的映象却保持相对稳定不变的知觉特性叫作知觉的恒常性,简称常性。例如,在不同距离看同一个人,尽管他在视网膜上的映象的大小有了变化,但对他的高矮的知觉却可保持不变。除了大小具有恒常性外,颜色、明度、形状也具有恒常性。

(4)理解性。在知觉外界事物时,人们总要用过去的经验对其加以解释,并用词把它揭示出来,知觉的这种特性叫作知觉的理解性。

(二)知觉的种类

1. 空间知觉

空间知觉是指对物体距离、形状、大小、方位等空间特性的知觉。两个视网膜上的略有差异的映象,是观察物体空间关系的重要线索,它使人在二维的视网膜刺激的基础上形成三维的空间映象。对物体不同部位的远近的感知叫作立体视觉或深度知觉。深度知觉除了利用双眼的视差线索外,还要利用其他的主客观线索。大小知觉是在深度知觉的基础上对不同远近的物体作出的大小判断。听觉空间知觉,在距离方面主要以声音强度为线索,而要判定声源的方位则必须依据双耳的听觉线索,称为听觉空间定位。

空间知觉的主要信息来源是视觉和听觉。对上下、左右、前后的判断通常是以知觉者自身为参考系而作出的。对于知觉者自身与物体及物体之间空间关系的判断,除以知觉者自身作为参考系外,也经常以自身以外的事物作为参考系。

2. 时间知觉

时间知觉是对物质现象的延续性和顺序性的反映。人们对时间的知觉可以计时器提供的信息为依据,也可以根据自然界昼夜、四季周期性的变化来估计,还可以根据人体生理、心理活动周期性的变化来估计。

生物钟是机体内部生理节律性的变化所引起的机体外部行为节律性的变化。消化系统的周期变化调节着人的进食行为;体力和精力的充沛与疲乏调节着人的起居。机体生理活动节律性的变化像一个时钟,调节着人的活动,也给人们估计时间提供了依据。

3. 运动知觉

对物体在空间中的位移产生的知觉叫作运动知觉。物体位移的速度太快或太慢,人们都不能感觉到运动。但是,有时物体在空间中并没有发生位移,却被感觉到运动,这种现象叫作似动现象,又叫作动景现象。电影就是依据似动现象的原理制作出来的,霓虹灯给人造成的动感、路牌广告制作中画面的变化也是应用了似动现象的原理制作出来的。

4. 错觉

错觉是在特定条件下产生的对客观事物的歪曲知觉,这种歪曲往往带有固定的倾向。只要产生错觉的条件存在,通过主观努力是无法克服错觉的。错觉的种类很多(图2-7),有线条长短、线条方向的错觉,有面积大小的错觉,甚至不同感觉道之间的相互作用也会产生错觉,如形重错觉(大小不等、重量相等的木盒,掂起来觉得小的重、大的轻)、视听错觉(眼睛看着台上作报告的人,觉得声音是从台上传过来的;低下头来不看作报告的人时,又觉得声音是从旁边扩音器里传过来的)等。

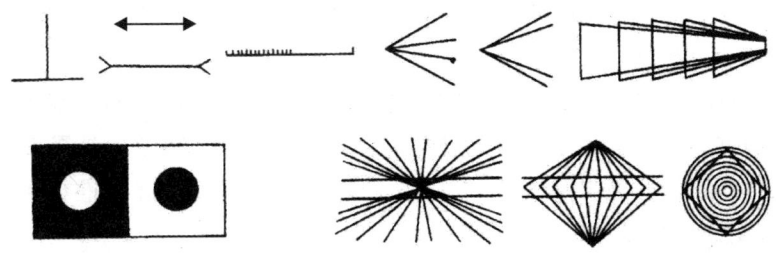

图2-7 错觉

错觉的产生常与下列因素有关:①感知觉条件差,如视力不足、光线不足、声音模糊等;②情绪因素,在伴有强烈的恐惧或期待情绪时可出现"草木皆兵"的错觉;③疲劳,注意力不集中,亦可影响感知的清晰度而产生错觉;④意识障碍,如人在臆想状态时,可出现大量错觉,即幻觉。

(三)知觉与安全

知觉对安全生产有重要影响,因为人们对生产环境中各种因素的感知和理解直接影响到他们的决策和行为。

首先,知觉对生产环境中的危险因素和安全风险有直接影响。如果工作人员能够准确、快速地感知到环境中的危险因素和安全风险,他们就能够及时采取相应的措施来预防事故的发生。相反,如果知觉出现偏差或障碍,可能导致工作人员对危险因素和安全风险产生误解或忽视,增加事故发生的可能性。

其次,知觉对生产操作和工艺流程的理解与执行也有直接影响。工作人员需要准确、快速地感知到操作和流程中的关键环节和细节,以便按照规定的程序和要求进行操作。如果知觉出现偏差或障碍,可能导致工作人员对操作和流程的理解与执行出现错误或疏漏,从而引发事故或造成生产损失。

最后,知觉还受到个体差异、经验和知识等因素的影响。不同的人在知觉方面存在差异,有些人可能更容易感知到环境中的危险因素和安全风险,有些人则可能较为迟钝。同时,经验和知识也影响着人们对生产环境中各种因素的感知和理解,拥有丰富经验和知识的人能够更好地感知、理解生产环境中的各种因素,并作出相应的决策和行为。

总之,知觉对安全生产的影响是多方面的,包括对危险因素和安全风险的感知、对操作及流程的理解与执行等。为了保障生产安全,企业应该注重提高工作人员的知觉能力,包括感知能力、注意力和判断力等,同时加强安全培训和教育,提高工作人员的安全意识和技能水平。

三、记忆

(一)记忆的基本概念

记忆是过去的经验在头脑中的反映。凡是过去感知过的事物、思考过的问题、体验过的情绪、操作过的动作,都可以映象的形式储存在大脑中,在一定条件下,这种映象又可以从大脑中提取出来,这个过程就是记忆。

记忆是人类高级心理活动的基础。思维、情感、意志等要在记忆的基础上展开。可以说,没有记忆,人类的学习和工作就不能顺利进行。人们通过感觉、知觉从外界获得信息,如果不能将一部分信息保留下来,就不会有知识、经验,就不能形成概念,进而进行判断和推理,也就无法适应复杂多变的环境。

记忆对个体的心理发展有重要作用。个体的心理发展依赖于实践中的学习,而所有的学习都包含记忆。离开记忆,人的复杂心理活动就不复存在,知识经验的积累和学习就无法进行,就不会发展技能。记忆是人的心理活动得以继续和发展的前提。

(二)记忆的基本环节

完整的记忆包括识记、保持、再认和回忆3个基本环节,如表2-1所示。认知心理学家把人们的记忆比喻为电子计算机,将这3个环节称为信息的编码、储存和提取。

表2-1 记忆的基本环节

记忆的基本环节	说明
识记	是指识别和记住事物,并在人脑中积累。从信息论的观点看,识记就是信息的输入和编码,它把外界的信息转换为记忆可以接受的编码
保持	是对已经获得的知识经验在人脑中储存和巩固的过程。受人主观因素的渗透和影响,保持的内容是动态的、积极的、具有创造性的
再认和回忆	是从人脑中提取知识和经验的过程。再认比回忆容易,再认是在感知过程中进行的,而回忆需要通过一定的思维活动才能进行

记忆的3个环节相互影响、相互依存,有着密切的联系。识记是保持、再认和回忆的前提,欲忆必先记;识记的内容只有在头脑中保持并巩固了,日后才能再认和回忆;再认和回忆是对识记和保持的检验,通过再认和回忆可促进对识记内容的巩固。

（三）记忆的种类

根据持续时间的不同，记忆可分为瞬时记忆、短时记忆和长时记忆3种类型，3种类型的特点如表2-2所示。

表2-2 瞬时记忆、短时记忆和长时记忆的特点

瞬时记忆	短时记忆	长时记忆
单纯存储	有一定程度的加工	有较深的加工
保持1s左右	保持1min	保持大于1min至终生
容量决定于感应器的生理特点	容量有限，一般为7±2个组块	容量很大
属活动痕迹，易消失	属活动痕迹，可自动消失	属结构痕迹，神经组织发生了变化
形象鲜明	形象鲜明，但有歪曲	形象经过加工、简化、概括

瞬时记忆、短时记忆和长时记忆是记忆系统的3个不同阶段，它们之间有明显的区别和联系。

瞬时记忆也称为感觉记忆，是指外界刺激作用于感觉器官所引起的短暂记忆。瞬时记忆的特点是记忆时间极短，一般只有0.25～1s，但容量较大，一般能够记住5～9个项目。瞬时记忆的作用是将环境刺激保持一定时间，以便进行更精细的加工和编码。

短时记忆是指信息在大脑中短暂存储和加工的阶段，时间一般在1min左右。短时记忆的容量有限，一般为4～9个组块，但可以通过复述等方式将信息从短时记忆转入长时记忆。短时记忆的信息编码方式包括听觉编码和语义编码等，其功能是暂时地存储信息，以便进行进一步的处理和加工。

长时记忆是指信息在大脑中长时间存储和加工的阶段，时间一般在数分钟、数小时、数天、数年甚至更长。长时记忆的容量是无限的，可以存储大量的信息，包括我们过去的经验、知识、技能等。长时记忆的信息编码方式包括语义编码和表象编码等，其功能是长期地存储信息，以便随时提取和使用。

以上3种类型的记忆相互联系、相互影响，三者之间有着密切关联。例如，短时记忆可以包容来自长时记忆的信息，而长时记忆也包容短时记忆；短时记忆的内容是长时记忆的一些细节，短时记忆中的信息可以进入长时记忆，处于永久性的状态。

（四）遗忘

识记过的东西不能回忆或再认，或者错误地回忆或再认，称为遗忘。用信息加工的观点来说，遗忘就是信息无法提取或错误提取。

遗忘可分为两类：一是永久性的遗忘，即不经重新识记，永远也不能回忆或再认；二是暂时性的遗忘，即因某种原因，一时不能回忆或再认。

在一般人的心目中，遗忘是一种完全应该否定的心理现象。然而，现代心理学认为，遗忘并不纯粹是消极的。遗忘是一个自然和必要的心理现象，它对人的记忆活动除了有众所周知

的消极作用之外,也有相当重要的积极作用。遗忘的积极作用首先表现为去伪存真。

遗忘可剔除记忆中的"无关"信息,使大脑不至于被大量零零碎碎的、用不着的东西充斥,这样就可以腾出空间容纳其他所需要的、有价值的东西。其次表现为去粗取精,根据主体自身的知识结构将那些作用不大、价值不高的东西从记忆中剔除,这就提高了记忆的质量,使记住的东西具有一定的概括性、实用性。有所忘才能有所记,对遗忘应有一个辩证的认识。

所谓"与遗忘作斗争",应该理解为人们希望不要忘记不该忘记的东西,或者减少对此类材料的遗忘。这就需要进一步对遗忘的规律有所了解,并掌握一些能够避免或减少遗忘的方法。

1. 遗忘的规律

根据德国实验心理学家库尔曼·艾宾浩斯的实验结果绘制出的记忆保持曲线,一般称为"遗忘曲线"(图 2-8)。遗忘曲线表明了遗忘在数量上的变化规律:①遗忘的数量随时间的进程而递增;②遗忘变化的速度是先快后慢,即在识记后的短时间内遗忘特别迅速,然后逐渐缓慢下来;③以后尽管间隔时间很长,但所保持的记忆内容不再明显地减少而是趋于稳定。艾宾浩斯的研究对记忆心理学影响很大,在他以后,许多人用无意义材料和有意义材料做了许多类似的实验,都大体上证实了艾宾浩斯遗忘曲线所描述的遗忘进程。

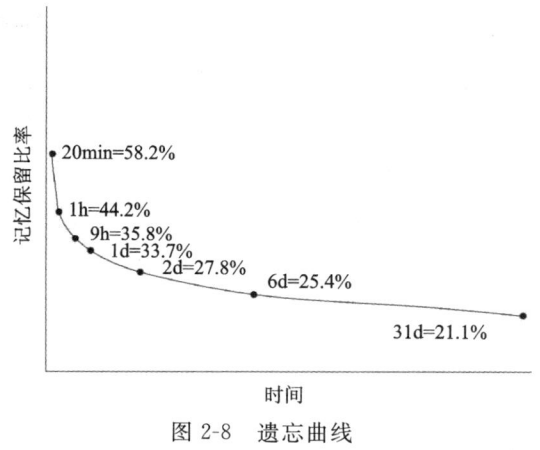

图 2-8 遗忘曲线

2. 遗忘的原因

造成遗忘的原因有很多,至今缺乏统一的见解,比较流行的有消退说、干扰说和压抑说 3 种。

(1)消退说。消退说是对遗忘原因的一种最古老的解释。它认为遗忘是由于记忆痕迹得不到强化而逐渐减弱、衰退以至消失的结果。也就是说,如果某个记忆没有得到足够的复习和使用,它就会逐渐消失,最终导致遗忘。这个理论的原理是基于对大脑神经元活动的观察和实验研究。神经元之间的连接会随着时间的推移而发生变化,如果某个神经元之间的连接没有得到足够的刺激,它们之间的连接就会逐渐减弱,最终导致记忆的消失。

消退说的支持者认为,记忆的消退是大脑的自然过程,因为大脑在处理信息时会优先使用经常使用的路径,而对不常用的路径则逐渐减弱甚至废弃。这种现象也被认为是一种能量经济的表现,因为大脑需要消耗大量的能量来维持神经元的活动,如果某个记忆不再被使用,那么为了节省能量,大脑就会逐渐减弱这个记忆的痕迹。

然而,消退说的解释也面临着一些挑战。一方面,有些记忆即使长时间没有使用也不会消失,比如一些深刻的情感记忆或者创伤记忆。另一方面,有些记忆即使经历了很长时间也可以被重新唤醒,比如一些童年回忆或者一些特殊的经历。因此,单纯的消退说并不能完全解释所有的遗忘现象。

消退说是对遗忘原因的一种解释,但并不是唯一的解释。实际上,遗忘的原因可能是多方面的,包括生理、心理、认知等方面的因素。因此,对遗忘的原因需要进行综合的研究和探讨。

(2)干扰说。干扰说认为,遗忘是先前的记忆内容和后来的记忆内容之间相互干扰,以致造成抑制效应。这种干扰有两种形态,即前摄抑制和倒摄抑制。

前摄抑制是指先前学习的材料对后学习的材料的干扰作用。例如,在一项实验中,先让人们学习一些无意义的材料,然后让他们学习其他材料。结果表明,先前学习的材料对后学习的材料产生了干扰,导致回忆效果降低。这表明前摄抑制是导致遗忘的一个重要原因。

倒摄抑制是指后学习的材料对先前学习的材料的干扰作用。例如,在一项实验中,让人们在学习一些材料后进行睡眠,然后让他们回忆这些材料。结果表明,睡眠对记忆的干扰作用较强,导致回忆效果降低。这表明倒摄抑制也是导致遗忘的一个重要原因。

此外,干扰说还认为,遗忘是由于记忆材料之间的相互抑制,所需要的材料不能提取出来。例如,在提取一系列单词时,如果前面或后面出现与所需单词类似的单词,可能会导致所需的单词无法被提取出来。这是因为类似的单词会与所需的单词产生竞争关系,导致提取失败。

(3)压抑说。压抑说认为遗忘是由情绪或动机的压抑作用造成的,如果压抑被解除,记忆就能恢复。这一理论主要源于弗洛伊德的精神分析学说,他认为那些给人带来不愉快、痛苦、忧愁的体验常常会使人发生动机性遗忘。

这一理论认为,当人们面对一些令人痛苦的记忆时,出于自我保护的本能,可能会在潜意识中压抑这些记忆,从而造成遗忘。这种压抑机制可以帮助人们避免面对过多的负面情绪和心理压力,保持心理平衡。

然而,如果压抑过于强烈或持久,可能会导致某些记忆无法被恢复,形成所谓"创伤后应激障碍"等心理障碍。在这种情况下,需要采取一定的心理治疗方法,如暴露疗法等,来帮助患者逐渐面对和克服这些负面记忆,从而恢复正常的心理功能。

所以,压抑说是对遗忘原因的一种重要解释。该学说认为,遗忘是由情绪或动机的压抑作用造成的。这种压抑机制可以帮助人们保持心理平衡,但也可能导致某些记忆无法被恢复。因此,对于创伤后应激障碍等心理障碍,需要采取一定的治疗方法来帮助患者逐渐克服这些负面记忆。

（五）记忆与安全

记忆在安全生产中扮演着重要的角色。安全生产需要遵守各种操作规程和规章制度，而这些知识需要被记住才能够正确地应用在实际工作中。记忆的准确性直接影响到安全生产的水平，如果记忆不准确，就难以正确地执行操作规程和规章制度，甚至可能导致误操作或误判断，从而引发事故。

此外，记忆的持久性也对安全生产有一定的影响。在生产过程中，各种设备、材料和工艺都可能不断更新换代，这些变化需要被记住，操作人员才能够适应新的生产环境。如果记忆持久性不够，操作人员就难以适应这些变化，从而增加事故发生的可能性。

因此，提高记忆能力对安全生产至关重要。企业应该加强员工的安全培训和教育，提高他们的安全意识和技能水平；同时，员工也应该积极提高自己的记忆能力，以更好地应对工作中的挑战。

四、思维与想象

思维与想象是人类认知过程中的两个重要方面，它们在人类的认识、创新和决策中发挥着重要作用。

思维是指人类对客观事物的间接的、概括的反映，它是人类认识世界和改造世界的重要工具。通过思维，人们可以分析、比较、综合、抽象、概括和推理，从而对事物形成本质的认识和理解。思维具有间接性、概括性和创造性，它能够帮助人们超越感官的局限，认识事物的内在联系和本质规律。

想象则是一种特殊的思维形式，它是在已有表象的基础上，在头脑中创造出新形象的过程。想象具有形象性、创造性和自由性。通过想象，人们可以在头脑中创造出未曾经历过的事物和情景，进行艺术的创作、科学的发明和技术的创新。想象也是人类认识世界和改造世界的重要手段之一。

在人类的认知过程中，思维与想象是相互联系、相互作用的。思维为想象提供了基础和指导，而想象则为思维提供了丰富的素材和灵感。通过思维和想象的有机结合，人们可以更好地认识世界、探索未知和创造新事物。

（一）思维

1. 思维的概念及特征

思维是借助语言、表象和动作实现对客观事物概括的和间接的认识，是认识的高级形式。它能揭示事物的本质特征和内部联系，并主要表现在概念形成、问题解决和决策等活动中。思维不同于感觉、知觉和记忆。感觉、知觉是直接接受外界的刺激输入，并对输入的信息进行初级的加工。记忆是对输入的刺激进行编码、存储、提取的过程。而思维是对输入的刺激进行更深层次的加工,它揭示事物之间的关系,形成概念,利用概念进行判断、推理,解决人们面临的各种问题。但思维又离不开感觉、知觉、记忆活动所提供的信息。只有在大量感性信息的基础上,在记忆的作用下,人们才能进行推理,作出种种假设,并检验这些假设,进而揭示感觉、知觉、记忆所不能揭示的事物的内在联系和规律。概念、表象和动作等是思维的基本的构建单位,推理、问题解决和决策等则体现了思维的过程。

思维具有以下特征。

(1) 概括性。思维的概括性是指在大量感性材料的基础上,将一类事物共同的特征和规律抽取出来,加以概括。例如,我们认为"凡正常运行的计算机都有中央处理器",这种思维就概括了"正常运行的计算机"这一事物的共同特征。概括在人们的思维活动中有着重要的作用,它使人们的认识活动摆脱了具体事物的局限性和对事物的直接依赖,这不仅扩大了人们的认识范围,也加深了人们对事物的了解,所以概括水平在一定程度上表现了思维的水平。另外,概括是人们形成概念的前提,也是思维活动能迅速进行迁移的基础。概括是随人们认识水平的深入而不断发展的。人们的认识水平越高,对事物的概括水平也就越高。

(2) 间接性。思维的间接性是指人们借助于一定的媒介和一定的知识经验对客观事物进行间接的认识。例如,人类虽然还没有真正弄清楚宇宙形成的奥秘,但人们可以根据宇宙中存在的种种现象和相关的知识经验来推测它的形成。同样,人们不知道某些疾病与遗传基因的关系,但可以根据实验来认识它们之间的关系。由此可见,由于思维的间接性,人们才可能超越感觉、知觉提供的信息,认识那些没有直接作用于人的感官的事物和属性,从而揭示事物的本质和规律。从这个意义上来讲,思维认识的领域要比感觉、知觉认识的领域更广阔、更深刻。

(3) 对经验的改组。思维是一种探索和发现新事物的心理过程。它常常指向事物的新特征和新关系,这就需要人们对头脑中已有的知识经验不断地进行更新和改组。例如,人们过去认为世界上最小的物质是原子,后来发现原子还可以分为质子、中子等。在从事科学研究、探索世界的奥秘时,人们需要对已有的知识经验进行重建、改组和更新。思维活动常常是由一定的问题情境引起的,并表现为试图解决这些问题。例如,人们在设计新的计算机程序时,不是简单地把头脑中有关的原理和经验统统呈现出来,而是根据设计的要求、课题的性质、材料的特点等重新组织已有的知识,提出种种可行的方案,然后进行检验,逐步形成一种新的可行性方案。所以思维不是简单地再现经验,而是对已有的知识经验进行改组、重建的过程。

2. 思维的种类

思维可以从不同的角度进行分类。

1) 根据思维凭借物(思维的内容)分类

(1) 直观动作思维。直观动作思维又称为实践思维,解决问题的方式依赖于实际的动作。例如,自行车不能骑了,问题在哪里?人们必须通过检查自行车的相应部件,才能确定是车胎没气了,还是轴承坏了。这种通过实际操作解决直观具体问题的思维活动,就是直观动作思维。3岁以前的幼儿只能在动作中思考,他们的思维基本上属于直观动作思维。幼儿将玩具拆开,又重新组合起来,动作停止,他们的思维也就停止了。成人有时也要通过动作进行思维,但这种直观动作思维要比幼儿的直观动作思维水平高。

(2)形象思维。它是指人们利用头脑中的具体形象来解决问题。例如,去某个地方参观,我们事先会在头脑中想出各种可能到达的道路,经过分析与比较,最后选择一条短而方便的路,这样的思维就是形象思维。形象思维在解决问题中有重要的意义。艺术家、作家、导演、设计师等更多地运用形象思维。

(3)逻辑思维。当人们面对理论性质的任务,并要运用概念、判断、推理等形式来解决问题时,这种思维称为逻辑思维。例如,学生学习各种科学知识、科学工作者从事科学研究都要运用这种思维,它是人类思维的典型形式。

2)根据思维的逻辑性分类

(1)直觉思维。它是人们在面临新的问题、新的事物和现象时,能迅速理解并作出判断的思维活动,这是一种直接的、领悟性的思维活动。例如,警察在嘈杂的人群中能迅速辨别出罪犯;科学家对某些偶然出现的现象提出猜想或假说;等等。直觉思维具有快速性、跳跃性等。

(2)分析思维。它也被称为逻辑思维,它遵循严密的逻辑规律,经过逐步推导,最后得出合乎逻辑的正确答案或作出合理的结论。

3)根据思维的创造性分类

(1)常规性思维。它是指人们运用已获得的知识经验,按现成的方案和程序直接解决问题,如学生运用已学会的公式解决同一类型的问题。这种思维的创造性水平低,对原有的知识不需要进行明显的改组,也没有创造出新的思维成果,因而称为常规性思维或再造性思维。

(2)创造性思维。它是指重新组织已有的知识经验,提出新的方案或程序,并创造出新的成果的思维活动。例如,新的大型工具软件的开发、新的科学理论的提出都需要创造性思维。创造性思维是人类思维的高级形式。许多心理学家认为,创造性思维是多种思维的综合表现。它既是发散思维与辐合思维的结合,也是直觉思维与分析思维的结合。它包括理论思维,又离不开创造想象等。

3. 思维的品质

思维的品质也称为智慧的品质,指思维能力的特点及其表现。人们在思维活动过程中表现出的不同方面的特点及其差异,就构成其思维品质。对于思维的品质,可从以下几个方面加以理解。

(1)思维的深刻性。深刻性是指思维活动的抽象程度和逻辑水平,涉及思维活动的广度、深度和难度。人类的思维主要是言语思维,是抽象理性的认识。在感性材料的基础上,去粗取精、去伪存真、由此及彼、由表及里,进而抓住事物的本质与内在联系,认识事物的规律。个体在这个过程中表现出深刻性的差异。思维的深刻性集中表现为在智力活动中深入思考问题,善于概括归类,逻辑抽象性强,善于抓住事物的本质和规律,开展系统的理解活动,善于预见事物的发展进程。智力超常的人抽象概括能力强,智力低常的人往往只是停留在直观水平上。

(2)思维的灵活性。灵活性是指思维活动的灵活程度。它的特点:一是思维起点灵活,即从不同角度、方向、方面,能用多种方法来解决问题;二是思维过程灵活,从分析到综合,从综合到分析,全面而灵活地作"综合的分析";三是概括-迁移能力强,运用规律的自觉性高;四是善于组合分析,伸缩性大;五是思维的结果往往是多种合理而灵活的结论,不仅有量的区别,而且有质的区别。灵活性反映了智力的"迁移",如我们平时说的"举一反三""运用自如"等。思维灵活性强的人,智力方向灵活,善于从不同的角度思考问题,能较全面地分析、思考问题,解决问题。

(3)思维的独创性。独创性即思维活动的创造性。在实践中,除善于发现问题、思考问题外,更重要的是要创造性地解决问题。人类的发展、科学的发展都要有所发明、有所发现、有所创新,都离不开思维的独创性品质。独创性源于主体对知识经验或思维材料高度概括后集中而系统地迁移,进行新颖的组合分析,找出新异的层次和交接点。概括性越高,知识系统性越强,伸缩性越大,迁移性越灵活,注意力越集中,独创性就越突出。

(4)思维的批判性。批判性是思维活动中独立发现和批判的程度,是思维过程中一种很重要的品质。思维的批判性品质,来自对思维活动各个环节、各个方面进行调整、校正的自我意识。它具有分析性、策略性、全面性、独立性和正确性5个特点。正是有了批判性,人类才能够对思维本身加以自我认识,也就是说人类不仅能够认识客体,而且也能够认识主体,并且在改造客观世界的过程中改造主观世界。

(5)思维的敏捷性。敏捷性是指思维活动的速度,它反映了智力的敏锐程度。有了思维敏捷性,在处理问题和解决问题的过程中,能够适应情况的变化来积极地思考、周密地盘算、正确地判断和迅速地作出结论。比如,智力超常的人,在思考问题时比较敏捷,反应速度快;智力低常的人,往往迟钝,反应缓慢;智力正常的人,则处于一般的反应速度。

(6)思维的系统性。系统性是指思维活动的有序程度及整合各类不同信息的能力。

这些思维品质是相互关联和影响的,通过不断培养和锻炼可以提高个人的思维能力,这对提高解决问题的能力具有重要意义。

(二)想象

想象是人脑中对已有的表象进行加工改造,形成新形象的心理过程。想象是一种特殊的思维形式,它能突破时间和空间的束缚。

1. 想象的内涵

想象是在头脑中对已有表象进行加工改造,形成新形象的过程。它是一种高级的认识活动。例如,人们看小说时可根据作者的描述在头脑中产生各种情境和人物形象,作家可根据生活经验塑造出新的人物典型,这些都是想象的结果。

想象具有形象性和新颖性。想象是在感知的基础上,改造旧表象、创造新表象的心理过程。想象主要处理图形信息,使其以直观形式呈现在人们的头脑中。想象必须以有关的记忆表象为基础,但它不是记忆表象的简单再现。在想象过程中,表象得到进一步的加工和组合,创造出新的形象。这种新形象可以是没有直接感知过的事物形象。例如,当读马致远的《秋思》:"枯藤老树昏鸦,小桥流水人家,古道西风瘦马。夕阳西下,断肠人在天涯"时,虽然没有亲身经历过这样的情境,但你的头脑中却有"枯藤""老树""昏鸦""小桥""流水""人家"等记忆表象,组合这些表象,就可以产生一幅苍凉的"秋暮羁旅图"。想象的形象在现实生活中都能找到原型,都有现实的依据。

2. 想象的种类

按想象活动是否具有目的性，可以将想象分为无意想象和有意想象。

(1)无意想象。无意想象是一种没有预定目的、不自觉地产生的想象。它是当人们的意识减弱时，在某种刺激的作用下，不由自主地想象某种事物的过程。例如，当人们观察天空中的浮云时，有时觉得它像人头，有时又觉得它像一匹奔腾的马。人们在睡眠时做的梦也是一种漫无目的、不由自主的想象。梦境中的内容是已有表象的奇特的结合。

(2)有意想象。有意想象是按一定目的自觉进行的想象。它是意识活动的一种形式，是人们根据一定目的，为塑造某种事物形象而进行的想象活动。这种想象活动具有一定的预见性、方向性。人们在想象过程中一直控制着想象的方向和内容。根据内容新颖性、创造性的不同，有意想象可划分为再造想象、创造想象和幻想。

再造想象：根据别人的言语叙述、文字描述或图形示意，在头脑中形成相应的新形象的过程。如学生根据课文和教师的言语描述，想象历史事件发生的情境和过程；工程师根据图纸的示意，想象建筑物的形象。再造想象是理解和掌握知识必不可少的条件。掌握知识必须有积极的想象参加。因此，课堂教学的形象化、直观化有利于学生对知识的掌握。运用图表、模型、标本、生动的语言，有利于想象的发展和知识的掌握。

创造想象：在创造活动中，根据一定的目的、任务，在头脑中出现新形象的过程。作家创作出新的人物形象，科学家提出新的理论模型，艺术家创作出新的作品，工厂生产出新产品，都属于创造想象。创造想象具有首创性、新颖性。

幻想：创造想象的一种特殊形式，与一般的创造想象比，幻想具有两个特点。第一，幻想带有向往的性质，幻想中所创造的形象总是与个人的愿望相联系，体现个人所向往或祈求的事物，一般的创造想象所形成的形象则并不一定是个人所向往的形象。例如，作家创造的人物形象，有的是他喜欢的，有的则可能是他厌恶的。第二，幻想不与当前的创造活动直接联系，它不是直接指向当前的物质产品或精神产品的创造，而是指向未来的活动，但它又常常是创造活动的准备阶段。

幻想的现实化是创造活动的诱因和动力。从飞天的神话到超音速飞机，从嫦娥奔月的神话到登月行动、航天飞机和空间站，从千里眼到天文望远镜，从顺风耳到通信卫星，幻想推动着人们积极地生活和工作，不断发明新事物，提升人的能力，使人类的明天变得更美好。

(三)思维、想象与安全

思维和想象在安全生产中扮演着重要的角色。安全生产需要人们具备严密的思维和想象力，以识别和应对各种潜在的危险和事故。

首先，思维在安全生产中发挥着至关重要的作用。安全生产需要人们具备严密的思维和逻辑推理能力，以分析、判断和解决各种复杂的问题。例如，在生产过程中，员工需要运用思维来识别潜在的危险因素，评估风险并采取相应的措施加以防范。此外，思维还能帮助人们制定科学合理的安全操作规程和规章制度，提高生产的安全性和效率。

其次，想象在安全生产中也具有重要的作用。通过想象，人们可以在头脑中模拟各种可能的事故场景和应对措施,从而提高应对能力和处理危机的能力。例如,消防员在训练中通过想象不同的火灾场景来制订相应的灭火方案和逃生路线。医生在手术前通过想象手术过程来预测可能的风险和意外情况,并采取相应的预防措施。

因此,思维和想象是安全生产中不可或缺的要素。通过提高思维和想象力,人们可以更好地应对各种复杂的问题和危险,降低事故发生的可能性,保障生产的安全和顺利进行。

第二节　情感过程与安全

人们在认识客观事物时,产生态度的体验、情绪、情感、情操等,称为情感过程。人的行为之所以表现出差异性,在很大程度上是因为人的情绪状态不同。例如,处于同一工作岗位的人,由于情绪状态不同,产生的行为结果也不同。人的情绪处于积极状态时,思维敏锐、动作迅捷,认识水平和预防事故的能力也会提高;人的情绪处于消极状态时,思维与动作较为迟缓,可能为事故的发生埋下隐患。比如,交通拥堵使驾驶员的心情烦躁,此时会提高事故的发生率。因此,研究情感过程(即情绪情感过程)对安全的影响是有意义的。

一、情绪和情感的含义

情绪和情感都是人对外界客观事物是否符合其需要与愿望、观点而产生的态度体验,是与人的自然性和社会性需要相联系的一种内心态度体验。这一概念可从以下3个方面来理解。

1. 主观体验

主观体验,是指个体对不同情绪和情感状态的自我感受。"体验"是情绪和情感区别于认知的重要方面。情绪、情感和认知都是心理反应的过程,但认知通过概念反映事物,情绪和情感则通过感受和体验反映事物。例如,许多人都会背诵"锄禾日当午,汗滴禾下土"的诗句,但在炎热的夏日锄过地的人对这一诗句有更深的体会。

情绪和情感作为人对客观事物的态度体验,具有主观性。一方面,个人所发生的情绪和情感只有当事人自己才能体验到;个人对每一种情绪和情感(如快乐或悲哀等)也有不同的体验形式。另一方面,由于人对客观事物的态度不同,因此,不同的人对同一事物可以有不同的体验。同是秋景,毛泽东写下了"一年一度秋风劲,不似春光,胜似春光"的诗句,而秋瑾烈士却写下"秋风秋雨愁煞人"的绝笔诗,这反映了他们不同的内心体验。主观体验是情绪和情感的重要成分。没有主观体验,个体就不知道何谓喜、怒、哀、乐,就不知道是否产生了情绪和情感。

2. 外部表现

情绪和情感具有明显的外部表现形式——表情。表情主要通过面部肌肉、身体姿势、语音和语调等方面的变化表现出来。如高兴时眉飞色舞、手舞足蹈、语调高昂,沮丧时两眼无光、垂头丧气、语调低沉。表情在情绪和情感活动中具有独特作用,它既是传递情绪和情感体验的鲜明形式,也是情绪和情感体验的重要发生机制。

3. 生理唤醒

生理唤醒是情绪和情感活动所产生的生理反应。研究表明,中枢神经系统的脑干、中央灰质、丘脑、杏仁核、下丘脑、蓝斑、松果体、前额皮层,以及外周神经系统和内外分泌腺等都与情绪和情感活动密切相关。

二、情绪和情感的功能

1. 适应功能

情绪和情感是个体适应环境、求得生存的工具。当特定的行为模式、生理唤醒和相应的感受状态3种成分出现以后,情绪就调动有机体的能量使有机体处于适宜的活动状态,并将相应的感受通过行为或表情表现出来,以达到共鸣或求得援助。因此,情绪自产生之日起便成为适应生存的工具。

2. 动机功能

情绪和情感是激发个体心理活动和行为的动机。情绪和情感作为一个基本的动机系统,它激励个体去从事某些活动,提高活动效率。适度的情绪兴奋可使个体身心处于活动的最佳状态,进而推动其有效地完成任务。研究表明,适当的紧张和焦虑能促使个体积极地思考并成功地解决问题。列宁曾经说:"没有人的情感,则过去、现在和将来永远也不可能有人对真理的追求。"

3. 组织功能

情绪和情感是心理活动的组织者,它不仅对其他心理活动诸如知觉、记忆、思维等具有组织作用,也影响个体行为。一方面,情绪对其他心理活动的影响表现为积极情绪的协调、组织作用与消极情绪的破坏、瓦解作用。研究表明,中等强度的积极情绪如愉快,可为认知活动提供最佳的情绪背景,从而有助于提高个体的认知效果;消极情绪如痛苦,其强度越大,个体认知活动的效果就越差。另一方面,情绪还常常支配个体的行为。当处在积极、乐观的情绪状态之下时,个体容易注意到事物好的一面,其行为比较开放,愿意接纳外界事物,倾向于和善、慷慨待人;处于消极悲观的情绪状态时,个体则会万念俱灰,容易放弃自己的愿望,对他人也会变得冷漠、不关心,甚至产生攻击行为。

4. 信号功能

情绪和情感是人际交流的重要手段,它主要通过外部表现——表情来传递信息、沟通思想,实现其信号功能。首先,表情可以传情达意。在某些场合,特别是当个体的思想或愿望只可意会而无法言传时,表情信息便可通过其所具有的"此时无声胜有声"的作用,实现彼此的沟通与交流。其次,表情是言语交流的重要补充。在许多场合,表情能使言语交流中存在的某些不确定性和模糊性明朗起来,成为个体态度和感受的最好注解。个体的情绪和情感对自己而言也具有信号作用。

三、情绪和情感的区别与联系

心理学上把对客观事物态度的体验叫感情。由于这种说法过于笼统,后来又采用了情绪和情感两个概念,以区分感情发生的过程和在这一过程中产生的体验。所以,情绪和情感指的是同一过程和同一现象,只是它们分别是同一心理现象的不同方面,两者既有区别又有联系。

1. 情绪和情感的区别

(1)情绪一般与个体生理需要(如饮食、睡眠等)的满足有关,为人类和动物所共有;而情感一般与个体社会性需要(如交际、友谊、工作等)的满足有关,是人类所特有的心理现象。

(2)情绪具有冲动性,并带有明显的外部表现,如悔恨时捶胸顿足、愤怒时暴跳如雷等。情绪一旦产生,其强度往往较大,有时难以控制。情感则经常以内隐的形式存在或以微妙的方式流露,并且始终处于意识的调节支配之下。

(3)情绪具有情境性和短暂性,如噪声会引起不愉快的体验,一旦情境不存在或发生变化,相应的情绪体验就随之消失或改变;情感则具有稳定性、深刻性和持久性,主要是指个体的内心体验和感受,一经产生,就比较稳定,一般不受情境影响。

(4)情感具有感染性和移情性。感染性,就是以情动情。一个人的情感可以感动他人产生同样的或类似的情感;同样,他人的情感也可以感动自己,使自己产生同样的或类似的情感。移情性就是人们不自觉地把自己的感情赋予原本没有这种感情的外界事物。如一个人在开心时,就会觉得山欢水笑;相反,一个人在悲伤时,就会觉得云愁月惨。

2. 情绪和情感的联系

在现实生活中,人的情绪、情感虽各有特点,但其差别是相对的。在现实具体的人身上,情绪和情感是交织在一起的,互相联系、互相制约。一方面,情感离不开情绪,稳定的情感在情绪的基础上形成,又通过情绪表达;另一方面,情绪也离不开情感,人的一切情绪表现都要受情感的支配或制约,情感决定着情绪的表现强度。情绪是情感的外部表现,情感是情绪的本质内容,两者密不可分,统一于人的社会性之中。

四、情绪和情感的两极性

对情绪和情感的固有特征可以从不同的方面进行度量,即情绪和情感的变化有不同的维度。而情绪和情感在每一维度上的变化,每种情绪和情感的变化都存在两种对立的状态,这就是情绪和情感的两极性。

1. 情绪和情感的积极体验和消极体验

从性质上看,情绪与情感的两极性首先表现在积极的与消极的体验上。如果外界事物能够满足个体的需要,个体就会产生肯定的态度,从而引起满意、愉快、喜爱、羡慕等积极的内心体验;否则,就会产生否定的态度,从而引起不满意、烦闷、厌恶、轻蔑等消极的内心体验。

2. 情绪和情感4种动力特征的两极性

情绪和情感的两极性表现在动力特征方面,即每一种动力特征都可以表现为两个极端对立的情况。例如,在强度方面,有强弱之分;在紧张度方面,有紧张与轻松之分;在激动度方面,有激动与平静之分;在快感度方面,有快感与不快感之分。应当指出的是,每种动力特征的两极性并不是绝对互相排斥,如"死里逃生"是由紧张转化为轻松,"乐极生悲"是由快乐转化为痛苦悲伤等。

3. 情绪和情感的增力作用和减力作用

情绪和情感的两极性还表现在活动的增力作用和减力作用上。增力作用表现为提高人的活动能力,如愉快的情绪、爱国主义的热情等,能鼓舞人积极地工作和学习,甚至忘我地拼搏。减力作用表现为降低人的活动能力,如忧伤、焦虑等,往往会降低人的工作和学习效率,甚至使人自暴自弃。但是,有的情绪和情感在一定的情境中既可能是增力,又可能是减力。例如,悲痛能降低人的活动能力,但也可以转化为奋发力量来提高人的活动能力,其转化的条件是人能否认识到这种情绪的消极作用,并有意识地加以调节。

情绪和情感的两极性是普遍存在的现象,这种两极性是人类情感的复杂性和多样性的表现。在实际生活中,人们的情绪和情感可能同时具有多个两极性的特征,这些特征相互作用,共同构成了人类情感的丰富多样性。

五、情绪状态与安全

情绪状态是指在某种事件或情境影响下,在一定时间内所产生的情绪。较典型的情绪状态有心境、激情和应激。

1. 心境

心境是人的比较长时间的微弱、平静的情绪状态,如心情舒畅、闷闷不乐等。心境的特点主要有以下几个方面。

(1)从发生强度和激动性上看,心境是一种微弱、平静的情绪体验,有时人们根本觉察不到它的发生。

(2)从延续时间上看,心境是一种持续时间较长的情绪体验,少则几天、几周,多则数月、数年。杜甫的诗句"十年朝夕泪,衣袖不曾干"即是对这种现象的生动描写。

(3)从影响范围来看,心境是一种具有非定向的、弥散性的情绪体验,即心境不指向某一特定事物,而是使人们的整个心理活动和行为都染上某种情绪色彩。如心情舒畅时,干什么都兴致勃勃;悲观失望时,干什么都没有信心。王维的诗句"花迎喜气皆知笑,鸟识欢心亦解歌"和杜甫的诗句"感时花溅泪,恨别鸟惊心"即是对心境这种"忧者见之而忧,喜者见之而喜"的特点的绝好写照。

引起心境变化的原因很多:①客观因素,如生活中的重大事件、家庭纠纷、事业的成败、工作的顺利与否、人际关系的干扰等;②生理因素,如健康状态、疲劳、慢性疾病等;③气候因素,如阴天易使人心情郁闷,晴好天气则使人心情开朗;④环境因素,如工作场所脏、乱,粉尘烟雾弥漫,易使人产生厌烦、忧虑等负面情绪。

在生产劳动中,职工保持良好的心境,避免情绪的大起大落是非常重要的。心境与生产效率、安全生产有很大关系。心理学家曾在一家工厂中观察到,在良好的心境下,工人的工作效率提高了 0.4%~4.2%;而在不良的心境下,工人的工作效率降低了 2.5%~18%,事故率明显增加。这是因为工人在心境不佳时进行作业,认识过程和意志行动水平低下,因而反应迟钝,神情恍惚,注意力不集中,除了工作效率下降外,还极易出现操作错误和事故。

因此,创造一个宽松的社会环境,努力培养和激发积极的心境,学会做自己心境的主人,经常保持良好的心境,对安全工作至关重要。

2. 激情

激情是一种强烈的、爆发式的、为时短暂的情绪状态,如狂喜、暴怒、绝望、恐惧等。激情主要有如下特点:①爆发性。激情的发生过程十分迅猛,大量心理能量在极短时间内喷发而出;②冲动性。激情一旦发生,个体完全被情绪驱使,言行缺乏理智,带有很大的盲目性。此时个体的自我控制能力减弱,行为容易失控;③持续时间短。冲动之后,激情也就弱化或消失了;④明确的指向性。激情通常由特定对象引起,如意外的成功会引起狂喜,理想的破灭可导致绝望;⑤明显的外部表现,如愤怒时"怒目圆睁",狂喜时"手舞足蹈"。

积极的激情能鼓舞人们积极进取,为正义、真理而奋斗,为维护个人或集体荣誉而不懈努力,因而对安全是一种有利因素。但在消极的激情下,认识范围缩小,控制力减弱,理智的分析判断能力下降,不能约束自己,不能正确评价自己行为的意义和后果。或趾高气扬,不可一世,认为老子天下第一;或破罐破摔,铤而走险,丧失理智,忘乎所以,冒险蛮干。负面激情不仅会严重影响人的身心健康,而且也是安全生产的大敌和导致事故的温床。因此,无论是在生产过程中还是在日常生活中都应竭力避免负面激情,否则会带来严重后果。

例如,某测井中队的一起人身伤亡事故就与激情的消极影响有关。农历腊月二十八晚,职工们正准备回家过年,但突然接到上级通知,要立即出发去前线会战执行一口边缘探井的测试任务。到了井场,大家匆忙动手,摆车、支滑轮架、装仪器、下缆绳,准备快速干完,好连夜返回,不耽误回家过年。仪器下井途中,曾有轻微遇阻现象,但没有引起人们的警惕和重视。上提仪器时,起初各岗位人员还比较认真,但当提到一半高度仍较顺利后,大家都松懈了,纷纷离岗做收工前的各项准备,井口无人监视异常情况。此时,井下仪器突然遇卡,高速提升的钢丝缆绳猛拉测试车,使车身猛退,将正在擦车的司机压死。在这一事例中,人们的情绪几起几落,先是在准备回家时突然来了任务(对立意向冲突),带着情绪上岗工作;在工作中开头很顺利,大家立即兴奋起来,认为胜利在握,很快就可以"打道回府",因而提前收拾工具、擦车,全队忘乎所以,丧失了警惕;突然车身猛退,司机惨死,一阵狂喜变成了一场悲剧。可见,忘乎所以祸事多。在生产劳动中应该提倡热烈而镇定的情绪,紧张而有秩序地工作。

在通常情况下,合理释放、艺术升华、适当转移注意力、运用心理换位、加强自我修养与学会制怒等,都能够在一定程度上缓和、调节或控制激情的消极影响。

3. 应激

应激是由出乎意料的紧张状况所引起的情绪状态,是人对意外的环境刺激所作出的适应性反应。例如,飞机在飞行中,发动机突然发生故障,驾驶员紧急与地面联系着陆;正常行驶的汽车意外地遇到故障时,驾驶员紧急刹车;战士排除定时炸弹时紧张而又小心的行为。应激的特点如下:①超压性。无论是在危险情境时,还是在紧要关头时,个体都会由于事物的强烈刺激而承受巨大的心理压力,并集中反映在情绪紧张度上;②超负荷性。应激状态下,个体必然会在生理上和心理上承受超乎寻常的负荷,个体必须充分调动体内的各种能量或资源去应对紧急、重大的事变。

应激状态的产生与个体对所面临情境的自我应对能力的评估有关。当个体意识到情境要求已超出自己的应对能力时,就会处于应激状态。个体在应激状态下的反应有积极和消极之分。积极反应表现为急中生智、力量倍增,个体的体力与智力都得到"超水平发挥",从而化险为夷,转危为安,及时摆脱困境。人们此时常常能够做出许多平时根本做不到的事情。消极反应则表现为惊慌失措、意识狭窄、动作紊乱、四肢瘫痪。例如,某工地1名木工因私自接电锯电源开关时不慎触电倒地,电工刘某发现后惊慌失措,忘记必须立即切断电源和用不导电的绝缘物件救助触电者等规定,立即伸手去拉触电木工,自己也触电身亡。一般来说,应激状态的某些消极影响是可以调节的。过去的知识经验、良好的性格特征、高度的责任感等,都是在应激状态下防止行为混乱的重要因素。

在应激状态下,操作者的身心会发生一系列变化。这种变化是应激引起的效应,称为"紧张"。职业性紧张是指人们在工作岗位上受到各种职业性心理社会因素的影响而导致的紧张状态,它不仅与职业、个人、家庭有关,而且取决于所处的工作环境和社会环境。其导致的后果不仅涉及人的行为和身心健康,而且与安全生产密切相关。因此,如何做好紧张心理调节是至关重要的。

4. 不安全情绪

在实际工作中表现出来的不安全情绪有如下几种。

(1)急躁情绪。干活利索但太毛糙,求成心切但不慎重,工作起来不仔细,有章不循,手、心不一致,这种情绪易随环境的变化而产生,如节日前后、探亲前后、体制变动前后、汛期前后等。

(2)烦躁情绪。表现沉闷,不愉快,精神不集中,严重时自身器官往往不能很好协调,更谈不上与外界条件协调一致。

当人体情绪激动水平处过高状态或过低状态时,人体操作行为的准确度都只有50%以下,因为情绪过于兴奋或抑制都会引起人体神经和肾上腺系统的功能紊乱,从而导致人体注意力无法集中,甚至无法控制自己。因此,人们从事不同程度的劳动,需要有不同程度的劳动情绪与之相适应。

人们在情绪水平失调时,言行上往往会表现出忧虑不安、恐慌、失眠、行为粗犷、眼睛呆滞、心不在焉、言行过分活跃,或出现与本人平时性格不一致的情绪状态等。若能从管理上及人体主观上都注意创造一个稳定的心理环境,并积极引导人们用理智控制不良情绪,则可以大大减少因情绪水平失调而诱发的不安全行为。

六、情感过程与安全

情感是同人的社会性需要相联系的主观体验,是人类所特有的心理现象之一。人类高级的社会性情感主要有道德感、理智感和美感。以下主要讨论与安全关系较大的几种情感。

1. 道德感与安全

(1) 责任感与安全。责任感是一个人所体验的自己对社会或他人所负的道德责任的情感。

责任感的产生及其强弱,取决于对责任的认识。它包括两方面的内容:其一是对责任本身的认识与认同,例如,责任范围、责任内容是否明确,制约着责任感的产生。责任不明,职责不清,不知道哪些事该管,哪些事不该管,不可能产生强烈的责任感。但是,即使是已经明确了责任,如果没有被自己所认同,也不能产生责任感。例如,虽然领导委派自己去从事某项工作,但自己心里不愿接受,或者心存疑虑,总想把任务推出去,在这种情况下,不可能产生较强的责任感;其二是对责任意义的认识或预期。责任本身的意义越重大,对责任意义的认识越深刻,对责任的情感体验也就越强烈。

责任感对安全的影响极大,很多事故的发生与责任心不强有关。一些人上班时脱岗、值班时睡觉,领导者对下属疏于管理、监督工作拖沓、推延,作业时冒险蛮干、不遵守操作规程等,都是责任心不强的表现,极易导致事故发生。

(2) 挫折感与安全。人在生产、生活、工作和学习中,并非总是一帆风顺,有时会遇到障碍,出现失败,产生挫折。所谓挫折,在心理学上是指个体在从事有目的的活动过程中,遇到障碍和干扰,致使个人动机不能实现、个人需要不能满足时的情绪反应。

人在做事时,有时成功,有时失败,但并非所有的失败都能导致挫折感。挫折感的产生有一定的条件,它与个体从事目的性的强度、造成挫折的障碍、个人对挫折的容忍力有关。挫折感一旦产生,便会对人的情绪、行为等产生重要影响。人在遭受挫折后,其情绪、行为会表现出情绪异常、攻击、倒退、固执、妥协、替代等。总的说来,不同个体遭受挫折后的反应尽管不同,但基本上可归纳为两大类:积极、建设性的;消极、破坏性的。

为了防止或减少挫折感的产生,最基本的措施有两条:从客观上来说,应该尽可能改变产生挫折的情境。在从事有目的的活动之前,要做好物质上、思想上、管理措施上等各方面的准备工作,增大活动成功的把握,减少失败的概率。在活动中遇到困难时,作为执行者要主动寻求别人或领导的支持、帮助;作为领导管理者,要主动关心自己的下属,及时给予鼓励,并切实解决其实际问题。一旦活动失败后,应实事求是地分析产生失败的主、客观原因,对由客观因素所造成的失败,要给予正视和认可,不要一味地强调活动者的责任。对活动者应负的责任,要本着总结经验、吸取教训、以利再干的态度,恰当地指出,使之心服口服,这样有利于将挫折造成的负性情绪转向正性情绪。从主观上来说,作为行为者,在确定活动目标时应该量力而行,切忌好高骛远,期望值要适度;在活动之前,应有周密的计划,对活动中可能出现的困难应有充分的心理准备,平时要加强意志锻炼;一旦活动失败,要理智地控制自己的情绪,必要时可采取心理调适的办法(如精神发泄),尽快从失败的痛苦中解脱出来,把失败看作成功的代价,变失败的痛苦为进一步奋斗的压力和动力。

2. 理智感与安全

理智感是一个人在智力活动中由认识和追求真理的需要是否得到满足而引起的情感体验。人在认识的过程中,当有新的发现时会产生愉快或喜悦的情感;在突然遇到与某种规律相矛盾的事实时会产生疑惑或惊讶的情感;在不能做出判断、犹豫不决时会产生疑虑的情感;在下了判断而又感到论据不足时会产生不安的情感。所有这些情感都属于理智感。

个人理智感较强,体现为求知欲旺盛、热爱真理、服从科学。这对于安全生产是一种积极的有利情感。在现代工厂企业,甚至各行各业,由于科学技术的飞速发展,出现了许多新的机器、设备、仪器和工艺手段。要熟悉、掌握和驾驭它们,单靠传统的经验、技能已无济于事,必须善于学习,不断更新自己的知识储备,加强现代科学理论的修养。而要做到这一点,强烈的求知欲望是必不可少的。凡事不讲科学,仅仅满足于一知半解,固守从老师傅那里得到的陈旧经验,甚至以"大老粗"为荣,遇事冒险蛮干,不懂装懂,认为只要胆大就行,都是缺乏理智感的表现。抱着这样的情感从事生产活动,既不能适应时代对新生产力代表者的要求,又不能充分发挥高新技术装置的潜能,同时也容易在操作中出错,成为安全生产的威胁。

3. 美感与安全

美感是人对能激起或满足自己对美的需要的一种情感体验。美感是根据一定的审美标准评价事物时所产生的情感体验。美感的体验有两个特点:①具有愉悦的体验;②带有倾向性的体验。因此,对美的事物往往百看不厌,百听不烦。对美的强烈追求,往往也成为人生活中的一种动力。

但不同的人,对美的理解是不同的。有的人以对工作负责、技术娴熟,因而受到同事敬佩、领导表扬、社会尊重为美,当他们自己做到这些后,心里会感到美滋滋的;有的人则以外表漂亮、打扮入时,会吃会玩为美。前者是一种高尚的、内在的美;后者是一种表面的、庸俗的美。前者对生产中的安全是一种有利因素,因为它可以激励人们树立起较强的工作责任感和对技术精益求精的奋发向上的精神;后者则有可能使人沉溺于琐屑的日常生活,消磨人的意志,增强人的虚荣心。

第三节 意志、注意与安全

一、意志与安全

(一)意志的含义及作用

意志是个体自觉地确定目的,调节、支配自己的行动,克服困难以实现预定目的的心理过程。意志是人类特有的心理现象,是人类意识能动性的集中表现。有无意志是人和动物的最本质的区别之一。在所有物种中,只有人能在从事活动之前,将活动结果作为活动目的存在于头脑之中,并以此来指导自己的行动。虽然动物也能够作用于环境,但是有些动物看似"有目的"的行为,却并不能达到自觉意识的水平。意志表现在:人为了满足自己的需要,预先设定一定的目的,有计划地组织自己的行动来实现这一目的。因此,意志活动就是人有意识、有目的、有计划地改造客观现实的活动。

(二)意志行动

1. 意志行动的含义

意志行动是指与自觉确定目的、主动支配调节个体活动、努力克服困难相联系的行动。意志与意志行动既相对独立,又密切联系。意志体现于意志行动之中,是意志行动的主观方面,没有意志行动就没有意志;反过来,意志行动受意志支配,即意志行动必须包含意志,没有意志就没有意志行动。

2. 意志行动的特征

意志行动是人类所特有的,但并非所有的人类行动都是意志行动。意志行动具有以下3个特征。

(1)具有自觉的目的。自觉的目的是意志行动的前提。意志行动是个体经过深思熟虑、对行动目的有了充分认识之后所采取的行动。如果没有自觉的目的,就没有意志可言,也就失去了有意识地、能动地改造世界的前提。所以,有自觉目的的行动才属于意志行动,盲目的、偶然的行动不属于意志行动的范畴。

(2)以随意运动为基础。个体行动都由动作组成,动作可以分为不随意运动和随意运动两种。

不随意运动是不受意识支配的不由自主的运动。不随意运动有4种形式:①本能动作,其实质是无条件反射,如防卫本能、性本能、哺育后代的本能等;②无意识动作,其实质是动作的自动化,如人说话时的发声动作;③习惯性动作,其实质是一种自动化动作,并与某种需要联系在一起;④冲动行为,是一种没有经过考虑的行动,对行动目的没有明确意识,对行动缺乏自觉控制,冲动行为通常是在激情爆发时产生的。

随意运动是在不随意运动的基础上,通过有目的的练习而形成的条件反射。它受个体意识的调节和控制,具有明确的目的性,如专心听讲、认真完成作业等。随意运动是意志行动的必要条件。没有随意运动,意志行动就不可能实现。

(3) 与克服困难相联系。克服困难是意志行动的核心。意志行动总是随意运动,但并非所有的随意运动都是意志行动。意志行动除具有随意运动所必备的一切特征外,还具有克服困难的特征。如行走对于正常人来说轻而易举,但对于一个久卧病床正在康复的病人来说,每走一步都需要克服很多困难,此时行走这一随意运动就由于意志的参与而变为意志行动。意志行动作为有自觉目的的行动,在目的确立与实现的过程中必然会遇到种种困难。困难包括外部困难和内部困难。外部困难是指来自个体外部、阻碍目的确定与实现的客观障碍,如恶劣环境,周围人的嘲讽、打击等。内部困难是指来自个体自身、干扰目的确定与实现的生理和心理方面的障碍,如健康状况不佳、经验不足、能力有限等。只有克服困难,意志行动才能贯彻到底。因此,克服困难是意志行动最主要的特征之一。

(三)意志品质

人的意志有强弱,是不同的。构成人的意志的某些比较稳定的方面,就是人的意志品质。一个人的意志品质有好有差,好的意志品质通常被人们称为坚强的意志,或意志坚强;差的意志品质通常被称为意志薄弱。坚强的意志品质主要是指意志的自制性、果断性、恒毅性和自觉性较强,而意志薄弱主要是指意志的这些品质较差。

1. 自制性

意志的自制性或自律性品质是一种自我约束的品质。有自制性的人善于克制自己的思想、情绪、情感、习惯、行为、举止,能恰当地把它们控制在一定的"度"的范围内,抑制与行动目的不相容的动机,不为其他无关的刺激所引诱、所动摇。

意志的自制性品质对安全生产有重要影响。为了预防事故、保证安全,每个企业部门都有相应的劳动纪律和安全规章制度,需要人们自觉地加以遵守。而任何纪律本质上都是对人们某些行为的约束。只有具有良好的意志自制力才能自觉地按照规章制度办事,积极主动地去执行已经作出的决定。因此,良好的意志自制力对现代化大生产中的工人来说是一种必备的心理素质。在现实生活中人们不难发现,许多事故是出在违章操作上。尽管造成违章的原因是多方面的,但其中不容忽视的原因之一是某些人将必要的规章制度看作"领导专门对付工人的",从心理上不愿遵守,因而在行动上放纵自己,"我想怎么干就怎么干",到头来一害国家,二害自己。可见,要想保障安全,就要遵章守纪,而要遵章守纪,就必须加强意志的自制性品质的培养。

2. 果断性

意志的果断性即通常所说的拿得起、放得下。它突出地反映在一个人做决定、下判断时。果断性集中反映一个人做决定的速度,但迅速决断并不意味着草率决定、鲁莽从事、轻举妄动。前者是指在迅速比较了各种外界刺激和信息之后做出决断,其思想、行动的迅速定向是理智思考的结果;而后者则是在信息缺乏甚至是信息有错误时,不加分析地做出选择和决定,它往往是在感情冲动时采取的一种非理智的选择和决定。

意志的果断性对紧急、重大事件的处理具有重大意义。在生产中,有些事故的发生是有先兆的。能否在事故发生前的一刹那自觉采取果断措施排除险情和操作者的意志关系很大。所谓"车行千里,出事几米"。如果能在情况紧急时及时采取果断措施,就能够避免事故发生。相反,则可能会延误时机,造成严重后果。例如,某化工厂发生泄漏事故,现场情况十分危急。操作工小李发现这一情况后,果断采取措施,关闭了相关的阀门,及时阻止了泄漏范围的扩大。同时,他还迅速报告了上级领导,组织现场的人员进行疏散。由于小李的果断行动,事故没有造成人员伤亡和重大的环境污染。

3. 恒毅性

意志的恒毅性也称为坚韧性、坚持性。通常人们所说的坚持不懈、坚韧不拔、有恒心、有毅力、有耐力等,就是指恒毅性好的意志品质。与此相反的虎头蛇尾、半途而废、见异思迁、浅尝辄止、缺乏耐力等,则指的是恒毅性差的意志品质。顽强的毅力和顽固是有区别的。顽固是不顾变化了的情况,固执己见。顽强的毅力则是在意识到变化了的情况下,仍坚持既定目标,务求实现。前者是一种消极的心理品质,后者是一种积极的心理品质。

恒毅性对于克服工作、生产中的困难,降低事故危害程度等是一种可贵的意志品质。俗话说,最后的胜利常常产生于"再坚持一下"的努力之中。"再坚持一下"的努力就是意志恒毅性的品质。这种品质在遇到紧急情况时特别必要。在一个风电场,工程师小张在例行巡检时发现风电机组的声音异常。他立即停机检查,但并没有发现明显的问题。尽管如此,他还是决定对每一个零部件进行详细检查。经过几个小时的努力,他发现了一个微小的裂纹。正是这个裂纹导致了风电机组的声音异常。小张立即报告上级领导,并协助维修团队进行修复。他的恒毅性和专业素养避免了可能的设备故障和生产事故。

4. 自觉性

自觉性是指对行动的目的、意义有深刻的认识,并确信自己行动的正确性和必要性,为实现预定的目的而进行的努力。如在工作中要取得效益,就必须在安全第一的前提下确保质量和产量,这就是工作的目的。具有意志自觉性的人,总是以这一目的为指导,不做与目的相违背的事(如马虎工作、粗枝大叶、违章违纪等),自觉地将有碍于目的实现的行动克服掉。与自觉性相反的不良品质是受暗示性。易受暗示的人,本身缺乏能力,也没有独立思考能力,容易受到别人的影响,随波逐流。

(四)意志与安全

意志在安全生产中起着重要的作用。安全生产不仅需要知识和技能,更需要坚定的意志和决心。

首先,意志能够帮助人们克服生产过程中的困难和挑战。在生产过程中,经常会遇到各种复杂的问题和危险,如果没有坚定的意志,就很难坚持不懈地克服这些问题,增加事故发生的可能性。

其次,意志能够帮助人们形成良好的安全习惯。安全生产需要人们具备高度的自我约束和自我管理能力,而这种能力往往来自坚定的意志。通过意志的锻炼和培养,人们可以形成良好的安全习惯,自觉遵守安全规程和规章制度,降低事故发生的可能性。

最后,意志还能够提高人们应对突发情况的能力。在突发情况下,坚定的意志能够帮助人们保持冷静和清醒的头脑,迅速采取有效的应对措施,避免事故扩大或减轻事故后果。

二、注意与安全

(一)注意的含义及功能

注意是和意识紧密联系的一种心理现象,但它既不同于意识,也不同于对某一事物反映的感知、思维等认知过程。注意是心理活动或意识在某一时刻所处的状态,表现为对一定对象的指向和集中。注意具有两个最明显的特性:指向性和集中性。

注意的指向性是指人在每一瞬间,其心理活动或意识总是选择某个对象,而忽略其他对象。注意的集中性是指当心理活动或意识指向某个对象时,注意力就会在这个对象上集中起来,从而抑制与此不相关的对象,保证认识活动得以顺利开展。注意指向的范围与集中的程度存在相反关系。注意指向的范围越大,集中性就越差;注意指向的范围越小,集中性就越好。

1. 选择功能

只有对作用于各种感受器的种种刺激加以注意,人们才能选出那些有意义的重要的符合需要的刺激。从各种可能的动作中选出与完成当前活动有关的动作,从保存在头脑的大量记忆中选出与当前智力活动有关的记忆,都有赖于注意的作用。由于注意的作用,进入人们意识中的感知、动作和记忆的范围便大大缩小了,其中一些(强的、重要的或新的)占优势,另一些(弱的、无关的或很熟悉的)则受到抑制。

2. 维持功能

外界的信息进入信息加工系统后,每种信息单元必须经过注意才能转换成一种持久的形式而得到保持。如果不加以注意,信息就会很快消失。注意的这一功能使得注意对象的映象总是保持在意识之中,一直到完成任务、达到目的为止。注意的维持功能在学生的学习中有非常重要的作用。

3. 调节功能

注意不仅表现在稳定而持续的活动中,而且也表现在活动的变化上。当人们需要从一种活动转向另一种活动的时候,注意体现了重要的调节作用。人只有在注意转变的状态下,才能实现活动的转变,才能适应瞬息万变的环境。

4. 监督功能

注意的监督功能是指注意在认知过程中对其他心理活动进行监督和调节,确保认知活动的正确性和有效性。通过注意的监督功能,人们可以在认知过程中及时发现和纠正偏离目标的活动,确保认知活动的顺利进行。例如,在学习、阅读或工作时,通过注意的监督功能可以确保集中精力完成任务,避免分心或偏离目标。

(二)注意的种类

根据注意产生有无目的性及维持时所需意志努力程度的不同,可把注意分为无意注意和有意注意。

1. 无意注意

无意注意是一种事先没有预定目的、也不需要意志努力的注意。例如,同学们在图书馆看书时,听到"砰"的一声响,许多人会不约而同地朝发出声音的地方看去,这就是无意注意。无意注意的引起没有明确的目的,维持它也不需要意志努力。因此,无意注意是一种消极的、被动的注意。

影响无意注意的原因主要有以下几点。

(1)刺激物本身的特点。任何强烈的刺激,如一声巨响、一道强光、一阵浓烈的气味等,都会引起人不由自主的探究。但是,对无意注意而言,起决定作用的往往不是刺激的绝对强度,而是刺激的相对强度,如在白天人听不到手表的滴答声,但在夜深人静时却可以注意到。活动、变化的刺激也易引起人的无意注意,如转动的霓虹灯、疾驰的汽车等。新奇的东西容易引起人的无意注意。如生活在南方的人,从未见过雪,冬天来到北方,皑皑白雪自然会引起他们的无意注意。

(2)人的主体因素。无意注意虽然能由刺激物的特点所引起,但人的主体因素在无意注意的产生中也起一定作用。相同的外界刺激,由于人自身的主体因素不同,可引起某些人的注意,却难以引起另外一些人的注意。

需要和兴趣既是人们主动探究事物的内部原因,也是引起无意注意的重要条件。凡是符合人的需要又能使人产生直接兴趣的事物,都容易引起无意注意。口渴的人对潺潺流水声易引起注意;对体育有兴趣的人,会迅速注意到与体育比赛有关的信息。情绪状态对注意也有直接影响。心情舒畅时,许多平时不易引起注意的事物也能引起注意;心情抑郁时,平时能引起注意的事物也难以引起注意。人已有的知识经验对无意注意也有一定影响,如一个有经验的医生比常人更容易注意到别人的气色等情况。期待也是引起无意注意的重要条件。儿童的每一点进步都极易引起父母和教师的注意,因为这正是他们所期待的。中国的章回小说在描写到紧张的情节时会突然停止,并加上一句"欲知后事如何,且听下回分解",目的是引起读者期待,以便唤起人们的注意。

2. 有意注意

有意注意是指有预定目的、需要一定意志努力的注意。课堂上,学生全神贯注地听教师讲课就是有意注意。有意注意是注意的高级形态,它由活动目的引导,由人的意识控制,是积极的、主动的注意。有意注意还要排斥各种干扰,克服种种困难,因此需要较大的意志努力。从种系发生和个体发展的角度看,有意注意出现得晚。儿童很小时就出现了无意注意,但是一直到儿童期,有意注意才蓬勃发展起来。有意注意的引起和维持受下述因素影响。

(1)对活动目的的认识。有意注意是有预定目的的注意,它服从于活动的任务。对活动目的理解得越清楚、越深刻,完成任务的愿望越强烈,与活动任务有关的事物就越能引起注意。例如,学生的学习目的明确,就能在学习活动中集中和保持注意。

(2)对事物的兴趣。有趣的事物容易引起随意注意,而人们通常会对感兴趣的事情表现出更长时间的关注。

(3)智力活动的组织和积极性。活动组织得越合理,智力活动的积极性越强,越有利于保持有意注意。平时养成良好的工作和生活习惯,就能在规定时间内全神贯注地工作。相反,没有良好工作习惯和合理作息制度的人,大脑不能建立合理的"动力定型",在必要时就难以组织自己的有意注意。

(4)个人的知识经验。知识经验对有意注意也有重要影响。一方面,对于非常熟悉的事物或活动,个体可自动地进行加工和操作,无需特别集中注意。另一方面,人要想在活动中维持注意,活动内容又必须与他们的知识经验有一定关系。安全培训时,如果教师讲的内容你能够理解,维持注意就较容易;如果教师讲的内容很难,你听后如坠入雾中,根本不知所云,维持注意就很困难。

(5)个人的意志品质。有意注意有时要排除分心刺激的干扰。干扰可以是外界事物,也可以是机体内部的状态,如疲倦、疾病、内部心理冲突和情绪等。在这种情况下,只有意志顽强的人,才能克服困难,使注意服从于当前的目的和任务。

(三)注意的品质

1. 注意的范围

注意的范围又叫注意的广度,是指一瞬间人能清晰把握的对象的数量。也就是说,注意的范围是短暂的时间内,如听一下、看一眼时,人们能清晰知觉的对象的数目。影响注意范围的主要因素有以下几点。

(1)知觉对象的特点。被注意的对象分布越集中,排列越整齐有规则,成为相互联系的整体,注意的范围就越大。反之,被注意的对象越分散,且杂乱无序,相互不关联时,注意的范围就越小。如对连成句子的字词的知觉范围就比对无意义音节或彼此不相关的字词的注意范围广。因为前者能构成意义的联系,后者则不能。就字母的注意范围而言,颜色相同、排列有序、大小一致的字母比颜色不同、分布杂乱、大小不一的字母的注意范围大。

(2)活动任务与个体的知识经验。如果活动任务复杂,要完成的程序多,则注意范围小。如果活动任务单纯,操作简便,注意范围就广。单纯说出字词的多少,比辨认字词错误时注意的范围广。由于知识经验的不同,注意的范围具有个体差异。外语专家读外文材料时,阅读速度比普通人快,这是因为其知识丰富,注意的范围广。

2. 注意的稳定与起伏

(1)注意的稳定性。注意的稳定性是指把注意力长时间地保持在所从事的活动或感知的对象上。这是注意在时间上的特性。但注意的稳定性并非长时间指向某个固定对象,而是集中在与目前任务相关的一切活动上。虽然注意的具体对象会随着活动进程而变化,但其总方向保持不变。如学生上课时,看黑板、听讲、记笔记、思考等活动要交替进行,注意力不断从一个对象向另一个对象转移,但总是集中在课堂学习活动上。

(2)注意的起伏。人们在感知某一对象时,注意力很难长时间保持恒定不变。如当我们用心倾听钟表的滴答声时,有时能听到、有时听不到,有时听得清楚、有时听不清。注意的这种周期性加强或减弱的现象,叫作注意的起伏。研究表明,对于不同的刺激,注意起伏周期的持续时间是不同的,对声音刺激起伏周期时间最长,其次是视觉刺激,而触觉刺激起伏周期最短。注意周期性的短暂的变化,人们主观上是觉察不到的,并不影响许多活动的效率。

(3)注意的分散。注意的分散是与注意稳定性相反的一种现象,是注意力离开当前的活动任务而被无关刺激所吸引,即人们常说的"分心"。引起注意分散的原因有主、客观两方面。客观上,外界的干扰或无关刺激的出现,会引起注意的分散。如在上课时,教室外面有人走动或说话,就会引起学生分心。主观因素如疲劳或健康状况不佳时,注意的稳定性也受影响,容易因无关刺激的干扰而分散。

(4)保持稳定注意的条件。①注意对象的特点。如果活动的任务明确而连贯、内容多样、丰富有趣,就容易保持稳定的注意。反之,如果活动无目的、无计划、内容单调、连贯性差,则注意的稳定性差。②主观心理因素。兴趣广泛、情绪稳定、意志坚强的人,注意的稳定性好;兴趣狭窄、情绪经常波动、自控能力差的人,注意的稳定性差。

3. 注意的分配

在同时进行两种或两种以上活动时,把注意力指向不同的对象,叫作注意的分配。如司机开车时,要注意路面、周围来往行人和车辆,又要操作方向盘和观察仪表。要想同时进行两种以上的活动,恰当地分配注意力,就要具备以下条件。

(1)需有一种活动达到熟练和自动化的程度。在同时进行几种活动时,至少有一种活动达到熟练化和自动化的水平,才能进行注意的分配。因为熟练的活动无需有意注意,可把注意力集中在陌生的活动上,当几种活动都不熟练时,很难分配注意力,活动效果差。如对"左手画方,右手画圆"的任务,普通人若不经过长时间练习是难以完成的,要么两手画成同一个图形,要么两个都画不像,出现顾此失彼的现象。

(2)同时进行的几种活动须有一定的联系。彼此紧密相连的活动,经一定的训练可以形成动作系统,无需特别用心就能按一定程序顺利进行。例如,司机驾驶汽车的复杂动作,通过训练后形成一定的反应系统,就可以不费力气地完成各种驾驶动作,并且把注意分配到其他与驾驶有关的事情上。

4. 注意的转移

注意的转移是依据新的任务,有意识地、主动地把注意从一个对象转移到另一个对象上。在日常学习、工作和生活中,随着活动任务的变化,人们的注意力总在不断进行转移。例如,前两节课听一门功课,后两节课听另一门功课,根据新的任务把注意从一门功课转移到另一门功课上,这就是注意的转移。

注意的转移与注意的分散不同,注意的转移是有意识地、主动地把有意注意从一个对象转移到另一个对象上,而注意的分散是无意识地、被动地从一个对象转移到另一个对象上。

注意转移的测量指标,可以用从一种活动过渡到另一种活动所花费的时间,也可以用单位时间内工作的转换次数和工作的正确性。影响注意转移的程度和难易的因素有以下两个方面。

(1)注意对象的特点和个人的态度。如果前后注意对象毫不相关,注意转移的难易就依赖于两种注意对象的吸引力。例如,足球迷看完精彩的球赛后,往往还沉浸在比赛场面中,很难把注意迅速转移到学习和工作中。在完成一件单调而且枯燥无味的工作后,从事自己感兴趣的活动时,注意会迅速转移。

(2)神经类型和个性特点。神经类型不同的人,注意的特点有差异。神经类型强、平衡、灵活的人,注意转移容易;神经类型弱、不平衡、不灵活的人,注意转移慢。性格活泼、反应灵敏、意志坚强的人,注意转移容易;性格呆板、反应迟钝、意志薄弱的人,注意转移困难。

(四)注意与安全

注意是心理活动对一定对象的指向和集中,是伴随着感知觉、记忆、思维、想象等心理过程的一种共同的心理特征。在安全生产中,注意的作用至关重要。

首先,注意有助于人们及时地发现和识别危险。在生产过程中,员工需要时刻保持警觉,注意周围的环境和情况,以便及时发现潜在的危险和隐患。通过注意,员工可以迅速感知到危险信号,从而采取相应的措施加以防范和应对。

其次,注意有助于人们准确地判断和应对危险。当员工注意到危险时,他们需要准确地判断危险的性质、程度和可能的后果,以便采取正确的应对措施。通过注意,员工可以集中精力对危险进行深入分析和评估,从而制定科学合理的应对方案,确保生产过程的安全和稳定。

最后,注意还有助于人们形成良好的安全习惯。安全生产需要员工具备高度的自我约束和自我管理能力,而这种能力往往来自长期的注意和实践。通过持续的注意和努力,员工可以逐渐形成良好的安全习惯,自觉遵守安全规程和规章制度,从而降低事故发生的可能性。

人从生理上、心理上不可能始终集中注意力于一点;不注意的发生是必然的生理和心理现象,不可避免,不注意就存在于注意之中;自动化程度越高,监视仪表等工作人员越容易发生不注意。所以,在安全生产中,企业应该注重培养员工的注意力和安全意识,提高员工的安全素质和自我保护能力。同时,企业还应该建立健全的安全管理体系和规章制度,为员工提供安全、稳定的工作环境。

预防不注意产生差错的主要措施有:①建立冗余系统,为确保操作安全,在重要岗位上多设1~2人平行监视仪表的工作;②为防止下意识状态下失误,在重要操作之前,如电路接通或断开、阀门开放等采用"指示唱呼",对操作内容确认后再动作;③改进仪器、仪表的设计,使其对人产生非单调刺激或悦耳、多样的信号,避免误解。

思考题

1. 什么是心理过程?它如何影响个人的行为和决策?
2. 在工作中,哪些心理过程对安全至关重要?为什么?
3. 如何通过教育和训练提高员工对心理过程的认识和应对能力?
4. 探讨心理因素如何影响事故发生的可能性。
5. 心理过程如何影响个体对安全规定和程序的遵守?

【实例1】　感觉知觉不足为主因导致的事故

2020年8月29日，××航空××号直升机在××县执行农林飞防任务。计划以N24°54′58″、E114°41′20″为圆心，在半径15km范围内飞行。

8:25，该直升机从公司临时起降点启动起飞，执行当日第1架次农林飞防任务。

10:51，该直升机在执行了12次任务后，从公司临时起降点起飞，执行当日第13架次农林飞防任务。

10:55左右，该直升机在一处220kV高压线下方作业区域从南向北穿行时，一片旋翼桨叶挂碰高压线，约1.5m长的桨叶端部断裂飞出，一根高压线断裂，直升机失控旋转，最终坠落在高压线下方东北方位的一处较陡山坡上。

11:00左右，公司临时起降点工作人员通过手持电台呼叫事发直升机机长，无应答。

11:25左右，公司工作人员到达事发现场，飞行员经现场抢救无效死亡，直升机受损严重。

调查组对事发现场残骸进行勘查、定位、拍照，确认航空器损伤情况。对公司相关人员和目击人员进行访谈，同时核查事发直升机飞行资料、维修记录等。根据事发航空器撞击高压线的位置，结合高压线的走向及高度，判断事发时飞行海拔高度约300m，离山谷地面高度约70m，离主残骸高度约30m，飞行高度明显低于64号基塔353.9m的海拔高度。被挂断高压线的两座基塔及高压线未见可为空中飞行提供警示的标志；高压线为钢芯铝绞线，氧化后为黑灰色，空中不易辨别观察。调查组最终认定该事件最大可能是：飞行员飞行时未能观察到高压线位置，在从高压线下方经过时，旋翼桨叶挂断高压线，一片桨叶断裂（断裂飞出桨叶长约1.5m），直升机失去平衡，失控翻转坠落在山坡上，并翻滚倒扣。事件导致直升机受损报废，机上一名机长死亡，构成一起机组原因的通用航空一般事故。

【实例2】　人的感知和判断失误为主因导致的事故

某年9月9日，某井进行的水平井油管传输射孔作业，19:30由第1组开始下枪，至23:00，共下枪55根，23:00由司钻刘某率第2组继续进行下枪作业，当该组从56号枪下至61号枪时，在游动滑车将枪从小鼠洞提出过程中，该枪底部公接头护丝外提环焊接处突然被挂在鼠洞内沿台阶上，向上运动的游动滑车将钻盘加宽台提出钻台面，此时，负责指挥的聂某立即向司钻发出停车指令并大声喊叫，但不知什么原因司钻未作出任何反应，最后将转盘加宽台提升至50多厘米的高度并将站在花纹板上指挥作业的小队长刘某掀翻倒下，左脚滑入加宽台下，此时加宽台突然坠下，将刘某左踝关节上部切断。

第三章　个性心理与安全

第一节　概　　述

刚从娘胎出生的婴儿,除了全都会哭、会笑、会睡外,并无什么个性;生长发育的同时,他接触的客体逐渐多了起来,随着认知的不断发展和信息的不断积累,婴儿也就逐渐开始出现和具有不同的个性。不同的环境培育出不同的个性,古人对此深有体会和认识,"近朱者赤,近墨者黑"就是这个道理。所以,个性是指一个人的总的精神面貌,它反映了人与人之间稳定的差异的特征。

一、个性的特性

1. 自然性与社会性

个性的自然性指的是个体在先天素质的基础上形成的本质心理特征,它是个性的基础。个性的自然性表现在个体独特的思维、情感、动机和行为方式等方面,这些特征在一定程度上是由个体的遗传基因和生物因素所决定的。例如,一些人可能天生较为内向、敏感,另一些人则可能天生较为外向、开朗。这些自然的个性特征是个体的基础,也是个性化发展的前提。

个性的社会性则是指个体在成长和发展过程中,受到其所处社会的文化、教育、环境等因素的影响,逐渐形成和发展起来的个性特征。个性的社会性表现在个体受到社会价值观、文化传统、道德规范等因素的影响,形成特定的思想观念、行为习惯和人际关系等方面。例如,在某些文化中,人们普遍认为谦逊、克制是一种美德,而在另一些文化中,人们则可能更加强调自由、自我表达的重要性。

个性的自然性和社会性是相互关联的。个体的自然性特征在很大程度上决定了其与社会环境互动的方式和结果,而社会性特征则是在个体与社会的互动中不断发展和变化的。个性是在先天素质的基础上,通过后天的社会实践逐渐形成和发展起来的,因此个性的自然性和社会性是相互影响、相互塑造的。

2. 稳定性与可塑性

个性的稳定性是指个体在长期生活中表现出的相对稳定的个性特征,这些特征在个体身上长期存在,不容易发生改变。个性的稳定性表现在多个方面,如个人的价值观、兴趣爱好、性格特点等。个性的稳定性是必要的,因为它能够帮助个体保持一定的自我认知和行为模式,从而更好地应对生活中的挑战和机遇。

然而,个性的稳定性并不意味着个性是不可改变的。事实上,个性具有一定的可塑性,也就是说,个性可以在一定程度上发生变化。个性的可塑性表现在个体在面对新的环境、经历或者社会影响时,会逐渐适应并形成新的个性特征。例如,一个人在长期的工作或生活中,可能会逐渐适应新的角色和任务,从而在性格、行为等方面发生一定的变化。

个性的稳定性和可塑性是相互关联的。一方面,稳定是个性的基础,它为个性的发展提供了基础和框架;另一方面,可塑性使得个性能够在面对挑战和机遇时进行自我调整和改变,从而更好地适应环境和社会变化。

3. 独特性与共同性

个性的独特性与共同性是相对存在的。个性的独特性是指个体之间的差异性,每个人的个性都是独一无二的,没有完全相同的两个个体。这种独特性源于个体先天的遗传基因、成长环境、经历和体验等多种因素的复杂交织,形成了各具特色的心理和行为特征。

然而,个性的独特性并不排斥人与人之间的共同性。在同一民族、同一性别、同一年龄的人群中,往往存在着一些共性的心理特征,这是因为人们生活在相似的社会文化背景之下,受到共同的社会规范、价值观、传统习俗等因素的影响,这些影响会在个体的个性发展中留下痕迹,形成共同的心理特征。例如,许多研究发现,不同文化背景下的个体在价值观、思维方式、行为习惯等方面存在一定的共性。这些共性可以表现为对家庭、工作、友谊的重视,对道德和伦理的追求,以及对安全和稳定的渴望等。

独特性是个体的独特标志和价值所在,而共同性则表明个体与群体的联系和相似之处。个性的独特性和共同性共同构成了人类丰富多彩的个性世界。

二、个性的组成

个性心理特征表明了一个人稳定的类型特征,人的个性心理结构主要由个性倾向性和个性心理特征两部分组成。

1. 个性倾向性

个性倾向性是指决定一个人的态度、行为和积极性的选择性的动力系统,它是推动人进行活动的动力系统。个性倾向性体现了个体对周围世界的态度和行为的积极特征,并决定人对认识活动的对象的趋向和选择。

个性倾向性主要包括需要、动机、兴趣、理想、信念和世界观等成分,这些成分在个性结构中是互相联系、互相影响和互相制约的。其中,需要是个性倾向性乃至整个个性积极性的源泉,只有在需要的推动下,个体才能形成和发展个性。

个性倾向性是人的个性结构中最活跃的因素,它决定着人对现实的态度,决定着人对认识活动的对象的趋向和选择。因此,个性倾向性对人的心理活动和行为具有调节的作用,使人的个性行为能根据一定的目的、计划或愿望进行。

此外,个性倾向性中的各个成分并非孤立存在的,而是互相联系、互相影响和互相制约的。例如,一个人的需要往往受其兴趣、信念和价值观等的影响,而一个人的价值观又会影响其行为和态度。

所以,个性倾向性是个体行为的驱动力,它体现了人对社会环境的态度和行为的积极特征。通过了解个体的个性倾向性,可以更好地理解其行为和心理特征,并帮助个体更好地认识自己和发展自己。

2. 个性心理特征

个性心理特征是个体在心理活动和行为方面表现出的相对稳定的特点。个性心理特征主要包括能力、气质和性格等方面。

能力是指个体完成某种活动所必须具备的心理条件,包括智力、技能、才能等。不同的人在能力方面存在差异,这种差异不仅表现在水平的高低上,还表现在类型的不同上,如有些人擅长抽象思维,有些人擅长形象思维,有些人则动手能力较强。

气质是指个体心理活动的动力特征,包括心理活动的强度、速度、稳定性、灵活性等方面。气质具有天赋性,但并不是完全不可改变的。个体气质的不同在很大程度上影响着其行为表现,如情绪稳定的人不易受到外界刺激的干扰,而情绪不稳定的人则容易表现出焦虑、急躁等。

性格则是指个体在对现实的态度和行为方式上所表现出的心理特征。性格具有稳定性和持久性,通常被分为两类:外向型和内向型。外向型的人善于交际、开朗活泼,内向型的人则较为沉静、内敛。不同性格类型的人在面对同样的情境时会有不同的反应和表现。

个性心理特征的形成受到多种因素的影响,包括遗传因素、环境因素、教育因素等。这些因素相互作用,共同影响着个体心理特征的形成和发展。了解个性心理特征有助于更好地理解个体差异和个性化发展的需要,从而更好地促进个体的发展和社会的进步。

第二节 个性倾向性

一、需要、动机与安全

(一)需要及其特征

作为社会成员的个人,一切活动都有一定的起因,而其最基本的起因就是需要和动机。

1. 需要

人的存在和发展,必然需要衣、食、住房、劳动、人际交往等,这都是作为社会成员的个人及社会存在和发展所必需的。这种必需的事物反映在个人的头脑中就成为人的需要。因此,需要是个体和社会生存与发展所必需的事物在人脑中的反映。人的需要是多种多样的。根据起源,可把需要分为自然性需要(饮食、婚配等)和社会性需要(劳动、交往等);根据对象,可把需要分为物质的需要(食物、住房等)和精神的需要(求知、审美等)。

2. 需要的特征

(1)客观现实性。"任何人如果不同时为了自己的某种需要和为了这种需要的器官而做事,他就什么也不能做,他们的需要即他们的本性。"人的需要是在一定的自然条件或社会条件下产生的,它会随着客观条件的变化而变化、随着客观条件的发展而发展。

(2)主观差异性。严格来说,需要仅仅指个体反映机体内部或外界生活的要求而产生的,并为自己感受或体验到的一种内部缺乏或不平衡状态。需要总是主观的,它以意向、愿望、动机、抱负、兴趣、信念等形式表现出来,需要的广度依赖于人的自身状况及其生活的物质条件,所以人的需要又表现为丰富多样性和个别差异性。

(3)动力发展性。需要是个体活动的基本动力,是个体行为动力的重要源泉。人的需要是一个不断发展变化的动态结构,永远不会只停留在某一种水平上。从内容方面来看,需要的发展性主要表现在两个方面,即横向发展和纵向发展。从需要实现的手段上看,需要的发展性还表现在实现或满足需要的方式手段越来越多,水平越来越高。

(4)整体关联性。人的需要结构中的诸要素是相互联系、相互作用的整体。这种整体关联性表现为各种需要互为条件,又互为补充。一方面,精神需要的存在与发展以物质需要的存在与发展为基础;物质需要的存在与发展又以精神需要的存在与发展为条件。满足精神需要一般来说应以物质需要作保障,满足物质需要必须以精神需要作指导。另一方面,各种需要又是互为补充的。

(二)需要层次理论

美国心理学家马斯洛(Abraham Maslow)在20世纪40年代提出了需要层次理论。这一理论的主要内容如下。

马斯洛认为人的需要是多种多样的,按其强度的不同排列成一个等级层次。马斯洛的需要层次如图3-1所示。虽然所有的需要都出于人的客观需求,但是在某一时期,其中有一些比另一些对人的生存和发展来说更加重要。当这一层次的需要获得满足之后,人将会被下一个需要层次所支配。马斯洛并不认为一个层次的需要必须完全获得满足之后,人才能够去处理下一个层次的需要。但是,马斯洛认为一个层次的需要必须要能获得持续的和实质性的满足才能够去处理下一个层次的需要。

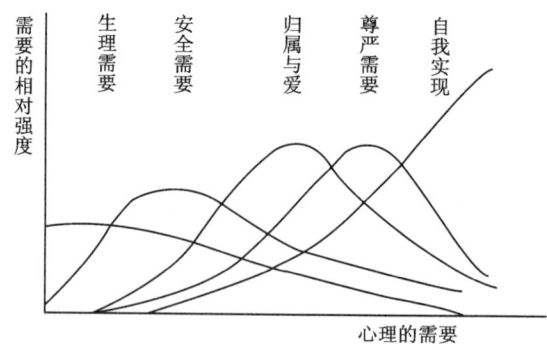

图3-1 马斯洛的需要层次图

1. 生理需要

这类需要是人与动物共同具有的,与生存直接相关的需要,包括吃、喝、睡眠等。生理需要的某一种若不能获得满足,它就会影响人的生活。举例来说,一个人可以在暂时的饥饿中仍有能力处理较高层次的需要,但前提是这个人的整个生活不能笼罩在饥饿之中。

2. 安全需要

当生理需要被很好地满足之后,安全需要则随之在人们的生活中起主要作用。安全需要包括对结构、秩序和可预见性及人身安全等的要求,其主要目的是降低生活中的不确定性。

3. 归属与爱的需要

随着生理需要和安全需要的实质性满足,个人便将开始以归属与爱的需要作为其主要内驱力:人需要爱与被爱,需要与人建立交往和发展亲密的关系,需要有归属感,即要求归属于一个集团或群体的感情。如果这一个层次的需要没有得到满足,人就会感到孤独和空虚。

4. 尊严需要

这种需要既包括社会对自己能力、成就等的承认,又包括自己对自己的尊重。前者导致威望、地位和被接受感,后者导致一种自足、自尊和自信感。对这一类需要缺乏满足,就会使人产生失落感、软弱感和自卑感。

5. 自我实现需要

自我实现是指人的潜力、才能和天赋的持续实现,人的终生使命的达到与完成,人对自身的内在本性的更充分的认识与承认。马斯洛指出,音乐家必须作曲,画家必须绘画,诗人必须写诗,这种需要我们可称为自我实现需要。

马斯洛认为,他所列出的5类需要层次是从低级到高级逐渐上升的。需要的层次越高,它在人类的进化过程中出现得越晚;高层次的需要在个体发展过程中出现得相对迟一些。特别是一些高层次的需要到中年时才开始产生;虽然高层次的需要不直接与生存问题相关,但比起低层次的需要,对高层次的需要的满足是人更加渴望的,因为高层次的需要的满足会导致更加深沉的幸福感,导致心灵的平静和更加丰富的内心生活。

马斯洛特别指出,当一个层次的需要被满足之后,一个人便上升到另一个层次的需要。但无论一个人在需要层次上已经上升到多高,如果一种较低层次的需要遭到较长时间的挫折,这个人将退回到这一需要层次,并停留在这个层次,直到这个层次的需要被满足为止。

从马斯洛这一理论本身和有关对它的批评之中都可以得到一定的启示,使人们对需要这一心理现象的本质和规律能够有更清楚和更深入的认识。

(1)人的需要有一个从低级向高级发展的过程。人从出生到成年,其需要基本上是按马斯洛提出的需要层次递进发展的。

(2)人在每一时期都有一定的需要占主导地位。但对于成年人来说,在某一时期为何要有这种需要而不是那种需要,则是由其理想、信念和世界观所决定的,而非出于其需要本能。

(3)在一个成年人身上,各种需要往往是交混在一起的,很难用单一的需要来解释他的某种行为。比如一般人在选择职业时,既要考虑收入问题,又要考虑地位问题,还可能要考虑前途问题,那么他最终选择的职业,便往往是考虑到多种需要而后平衡的结果。

(4)虽然人并非完全是在较低层次的需要获得满足之后才会出现较高层次的需要,但是低层次的需要未获满足,至少会干扰高层次需要的出现。人们很容易理解这样一个事实:当一个人进行某种创造性劳动,但处于寒冷和饥饿状态时,即使他用坚强的意志和崇高的理想控制自己工作,饥饿和寒冷还是会客观地引起他相应的生理反应,影响到他的情绪和思维,因而也客观地影响到他的工作,这是不以人的意志为转移的。

(5)较高层次的需要较较低层次的需要对于人的生存来说不那么迫切,但它却是社会中的人在其人生中所更为看重的。高层次的需要的满足较低层次的需要的满足的确更能给人以深沉的快乐。高层次的需要更能激发起人的进取心,那么相应地,追求高层次的需要未获得满足时,人也会产生更强烈的挫折感和失落感。

(三)需要与安全

需要和动机是人的一切行为的原动力,因此与人在生产和生活中的安全问题有着密切联系。

1. 安全需要是人的基本需要之一

安全需要是人的基本需要之一,并且是低层次的需要。保障人身安全是这一层次需要的重要内容。

在企业生产中,建立起严格的安全生产保障制度是极其重要的。如果没有保证生产安全的必要条件,那么这种客观的不安全会使人产生心理上的不安全感。如果某个工作场所曾经发生过事故,而企业领导又没有及时采取必要的安全防护措施,那么就认为这个工作场所是个不安全之地,就会担心自己不知何时也会碰上厄运,因而影响正常的工作情绪和操作动作的协调,这就有可能导致事故。因此,从生产管理来看,企业领导应时刻把职工安全放在首位。尤其是对生产设备的选用、安装、检测、维修、操作规程的制定、执行等关键环节,需要加倍注意。

2. 低层次的需要与安全

在人的各类需要中,安全需要继生理需要之后处于第二个层次,这并不意味着如果生理需要未获得实质性的满足人就会不顾安全了,但是,如果生理需要的满足还有某些欠缺,毕竟对关联着其他层次的需要活动有所干扰。尤其是在现实社会中,人们对住房、工资收入这样的与生理需要相关的问题总是进行横向比较。究竟住房、工资收入等达到什么程度才能满足及满足到何种程度,答案因人而异,很难有一个标准,这就使很多人容易因此产生压力感、挫折感和心理不平衡。这样的心理状态,如果带入工作中,显然对安全生产是十分不利的。

3. 高层次的需要与安全

高层次的需要的满足更能激发起人的进取心，更能使人自豪和快乐。那么相反，高层次的需要未得到满足就给人以更沉重的打击。在晋职、评奖、分配这些关系着人的名誉、地位、自尊、自我实现的需要等方面的工作，往往还不能做得尽善尽美。有一些人，特别是那些工作能力较强、较有抱负的职工容易因此受到挫折，产生强烈的不满情绪。如果把这种情绪带入工作，对保证生产安全也是十分不利的。

（四）动机及其特征

1. 动机的内涵

动机是发动和维持活动的个性倾向性。通常说："行为之后必有原因"，这个原因指的就是个人的行为动机。

根据动机对行为作用的大小和地位，可以将动机分为主导动机和非主导动机。主导动机是个体最重要、最强烈、对行为影响最大的动机。非主导动机是强度相对较弱、处于相对次要地位的动机。在动机系统中，主导动机可以抑制那些与其目标不一致的动机，对个体的行为起决定性作用，非主导动机则起辅助作用。根据引起动机的原因，可以将动机分为内部动机和外部动机。内部动机是由内部因素引起的，外部动机则是由外界的刺激作用引起的。相对而言，内部动机比较稳定，会随着目标的实现而增强；外部动机则是不稳定的，往往会因目标的实现而减弱。

动机是在需要的基础上产生的，是需要的表现形式。如果说，人的各种需要是个体行为积极性的源泉和实质，那么人的各种动机就是这种源泉和实质的具体表现。虽然动机是在需要的基础上产生的，是由需要所推动的，但需要在强度上必须达到一定水平，并指引行为朝向一定的方向，才有可能成为动机。

产生动机的另一种因素是刺激，只有当刺激和个体需要相联系时，刺激才能引起活动，从而形成活动的动机。需要和刺激是动机产生的两个必要条件。如有个需要上大学的学生，只有在大学招生的条件下，才会有报名考试的动机。动机产生的过程可以用图 3-2 表示。

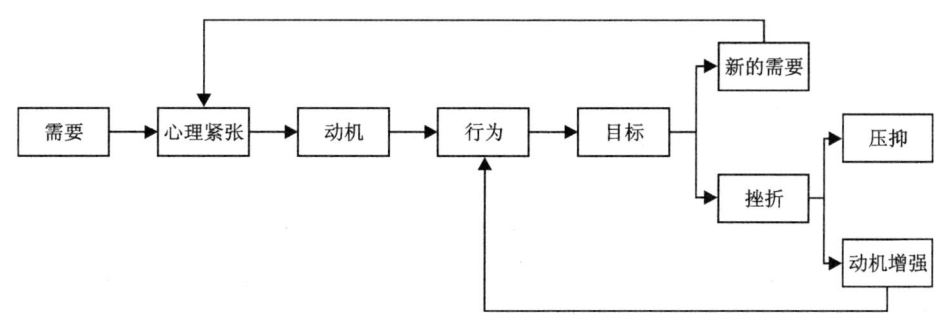

图 3-2　动机产生的过程

2. 动机的功能

从动机与活动的关系来说,动机具有下列功能。

(1)引发功能。人们的各种各样的活动总是由一定动机所引起,有动机才能唤起活动,它对活动起着启动作用,动机乃是引起活动的原动力。

(2)指引功能。动机使行动具有一定的方向,它像指南针和方向盘一样,指引着行动的方向,使行动朝预定的目标进行。

(3)激励功能。动机对行动起着维持和加强作用,强化活动达到目的。动机的性质和强度不同,对行动的激励作用也不同,一般来说,高尚的动机比低级的动机具有更大的激励作用;动机强比动机弱具有更多的激励作用。

由此可见,人类的动机是个体活动的动力和方向,它好像汽车的发动机和方向盘,既给人的活动以动力又对活动前进的方向进行控制。

3. 影响动机的因素

对个人动机的模式具有决定性的影响作用的因素有以下 3 种。

(1)嗜好与兴趣。如果同时有好几种不同的目标,同样可以满足个人的某种需要,则个人在生活过程中养成的嗜好会影响他选择哪一个目标。例如,有人爱吃面条,有人爱吃米饭(同样为解决饥饿);有人喜欢喝茶,有人喜欢喝咖啡。

(2)价值观。价值观的最终点便是理想。价值观与兴趣有关,但它强调生活的方式与生活的目标,牵涉到更广泛、更长期的行为。有人认为"人生以服务为目的",有人以追求真理为目标,有人则重视物质享受。

(3)抱负水准。所谓抱负水准是指一种想将自己的工作做到某种质量标准的心理需要。一个人的嗜好与价值观决定其行为的方向,而抱负水准则决定其行为达到什么程度。个人在从事某一实际工作之前,自己内心预先估计能达到的成就目标,然后驱使全力向此目标努力,如工作结果的质与量都达到或超过了自己的标准,便会有一种"有所成就"的感觉(成就感),否则就有失败感、挫折感。个人抱负水准的高低不同,基于 3 个因素:①个人的成就动机,遇事想做、想做好、想胜过他人;②过去的成败经验与个人的能力及判断力有关,过去从事某事经常成功,自然就提高抱负水准,反之则降低;③第三者的影响,如父母、教师、朋友、领导的希望和期待或整个社会气氛都指向较高的目标,个人的抱负水准自然也随之提高。

(五)动机与安全

美国心理学家耶克斯(Yerks)和多德森(Dodson)认为,总体而言,动机越强,效果越好。对具体活动,动机强度与工作效率之间是一种倒"U"形曲线关系。中等强度的动机最有利于任务的完成。各种活动都存在一个最佳的动机水平,它随任务性质的不同而变化。较容易的任务中,效率随动机的提高而上升;随着任务难度的增加,动机的最佳水平有逐渐下降的趋势。这就是著名的耶克斯-多德森定律(简称倒"U"形曲线),如图 3-3 所示。

人的各种行为都是由其动机直接引发的。为了克服生产中的不安全行为,人们应自觉地把安全问题放在首位,建立起安全生产,避免因发生事故而给个人和人民的生命财产带来损害的良好动机。但是在生产实际中,也有少数人出于个人私利或侥幸心理违章操作,这种错误的动机往往可能导致严重的后果,是安全生产的大敌。建立安全生产的良好动机是十分必要的,但同时也要注意,如果动机过于强烈,反而会造成心理过分紧张甚至恐惧,操作时容易混乱、动作不协调,更易导致事故发生。

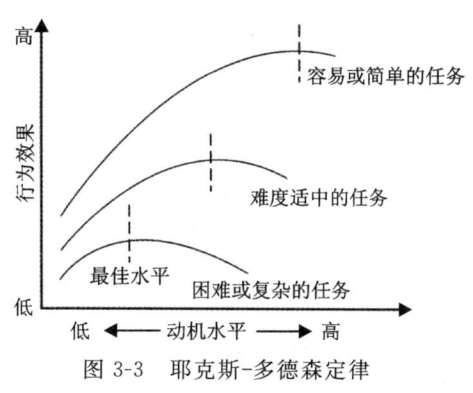

图 3-3　耶克斯-多德森定律

二、兴趣与安全

(一)兴趣及其种类

兴趣是个体积极探究某种事物的认识倾向。

兴趣是在需要的基础上发生和发展的,需要的对象也就是兴趣的对象。人们正是由于对某些事物产生了需要,才会对这些事物发生兴趣。在低级的需要的基础上所产生的兴趣是比较短暂的,只有建立在精神文化需要的基础上的兴趣才能保持长久稳定。许多心理学家指出了需要和兴趣的密切关系。例如,瑞士心理学家皮亚杰(Piaget)指出:兴趣,实际上就是需要的延伸,它表现出对象与需要之间的关系,我们之所以对一个对象发生兴趣,是由于它能满足我们的需要。

人的兴趣不仅是在活动中发生和发展起来的,又是认识和从事活动的巨大动力。它是推动人们去寻求知识和从事活动的心理因素。兴趣发展成爱好后,就成为人们从事活动的强大动力。凡是符合自己兴趣的活动,容易提高积极性,并且会使人积极愉快地从事这种活动。兴趣对活动的作用一般有 3 种情况:对未来活动的准备作用、对正在进行活动的推动作用、对活动的创造性态度的促进作用。

人类的兴趣是多种多样的,可以用不同的标准进行分类。

1. 根据兴趣的内容分类

物质兴趣:以人的物质需要为基础,表现为对物质生活用品(如衣服、食物、房子等)的兴趣。

精神兴趣:以人的精神需要为基础,表现为对精神生活(如看电影、听音乐等)的兴趣。

2. 根据兴趣的倾向性分类

直接兴趣:由事物或活动本身引起的兴趣。例如,对学习过程本身的兴趣、对劳动过程本身的兴趣。

间接兴趣:指对活动结果的兴趣。例如,对通过学习取得职业的兴趣、对工作后获取报酬的兴趣。

3. 根据兴趣时间的长短分类

短暂兴趣：它是和某种活动紧密联系的兴趣，产生于活动中，并随着某种活动的结束而消失。

稳定的兴趣：它具有稳固性，不会因活动的结束而消失。

（二）兴趣的特征

人们兴趣的特征有很大的差异，这种差异可从以下几个方面来加以分析。

1. 兴趣的倾向性

兴趣的倾向性，是指人对什么事物感兴趣。兴趣总是指向一定的对象和现象。人们的各种兴趣指向什么，往往是各不相同的。有人对数学感兴趣，有人对哲学感兴趣。人们的兴趣指向的不同主要是由生活实践不同造成的，受社会历史条件制约的。我们也可以根据社会伦理的观点把兴趣划分为两类，即高尚的兴趣和低级的兴趣。前者同个人身心健康和社会进步相联系；后者使人腐化堕落，有碍社会进步。

2. 兴趣的广度

兴趣的广度，是指兴趣的数量范围。有人兴趣广泛，有人兴趣狭窄。兴趣广泛者往往生气勃勃，广泛涉猎知识，视野开阔。兴趣贫乏者接受知识有限，生活易单调、平淡。人应该培养广泛的兴趣，可是还必须有中心兴趣。否则兴趣博而不专，结果只能是庸庸碌碌、一无所长。中心兴趣对人们能否在事业上作出成绩起着重要作用。

3. 兴趣的持久性

兴趣的持久性，是指对事物感兴趣持续时间的长短。人对各种事物的兴趣，既可能是经久不变的，也可能是变幻无常的。人在兴趣的持久性方面会有很大的差异。有的人缺乏稳定的兴趣，容易见异思迁，喜新厌旧；有的人对事物有稳定的兴趣，凡事力求深入。稳定而持久的兴趣使人们在工作和学习过程中表现出耐力和恒心，对人们的学习和工作有重要意义。

4. 兴趣的效能

兴趣的效能，是指兴趣在推动认识深化过程所起的作用。有的人的兴趣只停留在消极的感知水平上，听听音乐、看看绘画便感到满足，没有进一步表现出认识的积极性；有的人的兴趣是积极主动的，表现出力求认识和掌握感兴趣的事物。因此，后者的兴趣效能就高于前者。

（三）兴趣与其他心理现象的关系

兴趣和需要有密切联系。兴趣的发生以一定需要为基础。人的兴趣是在需要的基础上，在生活、生产实践中形成和发展起来的。同时，已经形成的深刻而稳定的兴趣，不仅反映着已有的需要，还可滋生出新的需要。

在现实生活中，人们并不是对每种事物都可能感兴趣。如果没有一定的需要作为基础和动力,人们常常对某些事物漠不关心。相反,如果人们有某种需要,则会对相关信息和活动反应积极,久而久之,可以发生兴趣。如有的人对外语毫无兴趣,可是为了出国而努力学习外语,从而可能逐渐培养起对学习外语的兴趣。

兴趣和认知、情绪、意志有着密切的联系,人对某事物感兴趣,必然会对相关的信息特别敏感。兴趣可使人感知更加灵敏清晰,记忆更加鲜明,思维更加敏捷,想象更加丰富,注意更加集中和持久。兴趣还可以使人产生愉快的情绪,使人容易对事物产生热情和责任感。稳定的兴趣还可以帮助人们增强意志力,克服工作中的困难,顺利完成工作任务。

兴趣和能力也有密切联系。能力往往是人对一定的对象和现象有浓厚的兴趣而形成和发展起来的。能力也影响着兴趣的进一步发展。

(四)兴趣与安全

1. 兴趣在安全生产中的作用

在安全生产中,兴趣的作用常常被忽视,但实际上,它是一个至关重要的因素。安全生产不仅需要严格的管理和规章制度,更需要员工的积极参与和自觉遵守。而员工的参与和自觉性往往来源于他们对安全生产的兴趣。

首先,兴趣是提高员工安全意识的重要动力。当员工对安全生产产生浓厚的兴趣时,他们会更加关注安全问题,更加主动地学习和掌握安全知识和技能,从而在工作中更好地保护自己和他人的安全。这种自驱力能够大大降低安全事故的发生率,提高生产效率和工作质量。

其次,兴趣可以帮助员工更好地应对突发事件。在生产过程中,难免会遇到各种突发情况,如果员工对安全生产有浓厚的兴趣,他们会更加冷静地应对这些情况,采取正确的措施来避免事故的发生。相反,如果员工对安全问题缺乏兴趣,他们可能会在遇到突发情况时不知所措,增加了事故发生的风险。

再次,兴趣还可以促进员工之间的沟通和协作。在生产过程中,员工之间的相互协作是必不可少的。如果员工对安全生产有兴趣,他们会更加愿意与其他员工交流和分享安全知识和经验,从而提高整个团队的安全意识和协作能力。这种团队精神的提升不仅能够提高生产效率,还能够增强员工的归属感和凝聚力。

最后,兴趣有助于形成良好的安全文化氛围。当企业注重培养员工对安全生产的兴趣时,就能够形成一种关注安全、追求安全的文化氛围。这种氛围能够感染和影响每个员工,使他们更加自觉地遵守安全规章制度,积极参与安全活动,从而构建一个安全、和谐、高效的工作环境。

2. 兴趣的培养与安全

企业在安全生产中应该注重培养员工的安全生产兴趣,将其作为提高生产效率、降低事故发生率、保障员工生命安全的重要手段之一。

为了培养员工对安全生产的兴趣,企业可以采取多种措施。首先,可以通过开展安全生产宣传教育活动,向员工普及安全知识和技能,提高他们对安全生产的认识和重视程度。其次,可以通过组织安全生产培训和演练活动,让员工在实际操作中掌握安全技能和应对突发情况的能力。最后,企业还可以通过奖励和表彰机制来激励员工积极参与安全生产活动,提高他们对安全生产的积极性和主动性。

另外,企业应该注重与员工的沟通和交流,了解他们对安全生产的意见和建议,鼓励他们提出创新性的想法和实践经验。这不仅可以激发员工对安全生产的兴趣和热情,还可以促进企业与员工之间的互动和合作,增强员工的归属感和忠诚度。

第三节 个性心理特征

一、性格与安全

从词义上解释,性格是指人的性情品格,即在对人、对事的态度和行为方式上所表现出来的心理特点,如开朗、刚强、懦弱、粗暴等。从心理学上解释,性格是人对现实的态度和行为方式中较稳定的个性心理特征,是个性的核心部分,最能表现个别差异。不同的性格具有相对的稳定性,但是性格是可以通过自身的努力和环境的约束进行改变的,如懒惰、孤僻等性格,只要自己下决心去改,是能产生明显效果的,懒汉可以成为勤奋者,悲观失望的人也可以成为生机勃勃的人。安全工作需要认真负责、小心谨慎,对此,就需要通过不断的教育培训,使员工逐渐形成良好的性格特征,这样才有利于保证安全。

(一)人的性格特征与性格结构

1. 性格特征

性格是一个人在对现实的稳定的态度和习惯了的行为方式中表现出来的人格特征,它表现一个人的品德,受人的价值观、人生观、世界观的影响。性格是在后天社会环境中逐渐形成的,同时也受个体的生物学因素的影响。性格还是一种十分复杂的心理构成物,它有着各个侧面,并形成一个性格特征系统。性格特征主要表现在以下4个方面。

(1)性格的态度特征。人对现实的态度主要是指对社会、对集体、对他人、对劳动和对自己的态度。对社会、集体、他人的态度的性格特征有爱集体、富有同情心、善交际或孤僻、拘谨甚至粗暴等;对劳动的性格特征有勤劳或懒惰、革新创造或墨守成规、简朴或浮华等;对自己的性格特征有自豪或自卑、大方或羞怯等。这类特征多数属于道德品质。

(2)性格的意志特征。一个人的行为方式往往反映了性格的意志特征。属于这类好的特征有自觉、自制、坚定、果断、有纪律、严谨、勇敢等,属于这类坏的特征有盲目、依赖、脆弱、优柔寡断、冲动、草率、怯弱等。

(3)性格的情绪特征。是指一个人情绪对他的活动的影响,以及他对自己情绪的控制能力。良好的情绪特征表现为善于控制自己的情绪,情绪稳定,常常处于积极乐观的心境状态;而不良的情绪特征表现为事无大小,都容易引起情绪反应,而且情绪对身体、工作和生活的影响较大,意志对情绪的控制能力又比较薄弱,情绪波动,又容易消极悲观。

(4)性格的理智特征。是指人们在认知过程中所表现出来的性格特征,具体表现在感知、记忆、思维、想象和情感等方面。例如,在感知方面,被动感知型的人容易受到环境刺激的影响,而主观观察型的人则有主见且不易被环境刺激所干扰;在记忆方面,有的人可能擅长于详细地记忆事物的细节,而有的人则更注重概括性的记忆;在思维方面,独立思考型的人善于独立分析和解决问题,而盲目模仿型的人则容易跟随他人的思路和观点;在想象方面,主动想象型的人力图用想象打开自己活动的领域,而被动想象型的人则以想象来掩盖自己的无所作为。

2. 性格结构

性格是一个人对现实的稳定态度和习惯化的行为方式。应注意的是,并不是人对现实的任何一种态度都代表他的性格,在有些情况下,对待事物的态度是属于一时情境性的、偶然的,那么此时表现出来的态度就不能算是他的性格特征。性格不是多种性格特征的简单堆积,而是性格的多种特征以独特的方式组成的一个完整结构。性格的结构具有以下 4 个特点。

(1)性格结构的完整性。一个人的各种各样的性格特征并非彼此孤立地存在,而是相互联系、相互依存地成为一个系统。例如,在反映对劳动、工作态度的性格特征方面表现出认真负责、踏实勤奋的人,往往在性格的意志特征方面表现出有较好的坚持性和自制力,在性格的理智特征方面表现出谦逊的品质,在性格的情绪特征方面表现出遇事沉稳冷静。由于性格特征之间存在相互联系,因此只要了解一个人的某一种或某几种性格特征,就可能推测出其他性格特征。

(2)性格结构的复杂性。性格虽然是完整的系统,但是它的完善性与统一性不是绝对的。随着人的活动的多样性与多变性,性格也表现出极其复杂性。有的人性格较完整、完善,在各种场合表现都一致。有的人性格不太完整、完善,在不同场合表现出不同的性格特征。如有的学生在校努力学习,热心社会工作,举止端庄,可是在家里态度骄横,不愿参加家庭劳动。有的人性格的某些特征在一定场合的表现也有程度之分。如一个懒散的学生在娇惯他的父母面前弱点表现得较多,在教师面前则可能表现得较少。因此,只有在各种环境下多方面地考察性格,才能洞察一个人的性格全貌。

(3)性格结构的稳定性与可塑性。由于性格是在不断地受社会生活条件的影响、教育的影响和自身实践的锻炼下,长期塑造而成的,所以性格一经形成就比较稳定。然而,客观事物是极其复杂、不断发展变化的,人们之间的接触与交际也是纷繁复杂的,这种现实影响的多样性和多变性,又决定了人的性格不是一成不变的。因此,性格既是稳定的,又是可变的。正是因为人的性格具有一定的稳定性，人们才能识别一个人的性格，并根据他的性格特征预测他在一定情境中可能出现的行为。又由于性格具有可塑性，人们才有可能培养性格和改造性格。

(4)性格结构的典型性与个别性。性格的典型性是指某一集团人们共有的本质特征。人作为一定社会集团的成员，与该集团其他成员具有大致相同的经济、政治和文化的条件，从而在其身上也形成该集团成员共有的、典型的性格特征。此外，作为一定社会集团成员的个人的具体生活条件，所受的教育及所从事的种种活动，又是千差万别的。这一切反映到人的性格上，就形成了性格的个别性。可见，每个人的性格都是典型性与个别性的统一。

（二）性格类型

不同的人具有不同的性格，人的性格呈现出不同的特点。人的性格表现了他对现实和周围世界的态度，并表现在他的行为举止中，而且主要体现在对自己、对别人、对事物的态度和所采取的言行上。

人的性格千姿百态，但是许多性格又具有相同相近的特点，因此，多年以来，许多心理学家力图将性格加以分类，找出性格的类型。一般来说，性格的类型是指一类人身上所共有的性格特征的独特结合。

常见的性格分类方法主要有以下几种。

(1)按理智、意志和情绪哪种在性格结构中占优势来划分性格类型。理智型人用理智衡量一切和支配行动；意志型人行动目标明确、积极主动；情绪型人情绪体验深刻，举止受情绪左右。除上述3种类型外，还存在混合型，如理智意志型等。

(2)按个体心理活动倾向于外部或倾向于内部来确定性格类型。这是一种最为普遍采用的分类。外倾型人注意和兴趣倾向于外部世界，开朗、活泼、善于交际；内倾型人注意和兴趣集中于内心世界，孤僻、富有想象力。但多数人属于中间型。

(3)按个体独立性的程度把性格分为顺从型和独立型。顺从型的人独立性差而易受暗示，不加批判地接受别人的意见并照办，也不善于适应紧急情况；独立型的人独立性强并有坚定的个人信念，喜欢把自己的意志强加于人，在紧急情况下不惊慌失措，能独立发挥自己的力量。

（三）性格的测定

人的性格主要通过言语、行为和外在风貌表现出来，性格的外部表现为研究性格提供了依据。通过对一个人外部表现的研究，可以判断他的性格。心理学家已经采取许多方法来进行性格测定，比较常用的有以下几种方法。

(1)投射法。这是一种利用某些图画材料提出问题，让受试者对它作出回答时，自然地流露出自己的心理特点的方法。

(2)观察法。这是一种通过观察和分析一个人的日常言行、外表来判断其性格特征的方法。观察可以是长期有计划观察，也可以是短期有计划观察。

(3)自然实验法。这种方法是让受试者在正常从事某项活动时完成一些实验性试题以反映出他的性格。

(4)谈话法。这是一种试图在与受试者进行某种谈话时进行观察和分析,确定受试者性格的方法。

(5)作品分析法。这是通过对受试者的日记、信件、命题作文及其他劳动产品的分析而进行的性格测定方法。性格是十分复杂的心理现象,如果仅采用单一的方法进行判断,其结果往往有很大的局限性。只有将多种方法综合运用,才可能对一个人的性格作出合乎实际的结论。

(四)易引发事故的性格类型

在企业里,可以看到一些对待工作马马虎虎、干活懒散等性格的人,他们在工作中往往是有章不循、野蛮操作。有研究表明,事故的发生率和员工的性格有着非常密切的关系,员工无论技术多么好,如果没有良好的性格特征也常常会发生事故。具有以下性格特征者,一般容易发生事故。

(1)攻击型性格。这种性格的人容易冲动,喜欢冒险和挑战,不善于控制自己的情绪,容易在工作中出现事故。

(2)孤僻型性格。这种性格的人通常比较固执,心胸狭窄,不喜欢与他人交流和合作,容易忽视工作中的安全问题,从而引发事故。

(3)冲动型性格。这种性格的人往往缺乏耐心和思考,容易在工作中作出错误的决策或行动,导致事故的发生。

(4)抑郁型性格。这种性格的人往往情绪低落,精神不振,容易在工作中出现注意力不集中、操作失误等问题,从而引发事故。

(5)马虎型性格。这种性格的人通常敷衍、粗心,容易忽视工作中的细节和安全问题,从而引发事故。

(6)轻率型性格。这种性格的人在紧急状态下容易惊慌失措或鲁莽行事,导致事故的发生。

(7)迟钝型性格。这种性格的人感知、思维或运动迟钝,容易在工作中出现反应迟缓、操作失误等问题,导致事故的发生。

(8)胆怯型性格。这种性格的人通常懦弱、没有主见、遇事退缩、不辨是非、不负责任,也容易发生事故。

上述不良性格特征,对员工的生产作业会产生消极的影响,对安全生产极为不利。由于工种的不同及作业条件的差异,具有这些不良性格特征的人,发生事故的可能性也有很大的差异。不过,从安全管理的角度考虑,班组长应对具有上述性格特征的人,加强安全教育和安全生产的检查督促。同时,尽可能安排他们在发生事故可能性较小的工作岗位上。而对某些特种作业或较易发生事故的工种,在招收新员工时,必须考虑与职业相关的良好的性格特征。

(五)性格与安全

不同性格的人对风险的感知和评估有所不同。例如,冲动或轻率型性格的人可能更容易低估潜在的危险,从而采取过于自信或冒险的行为,增加事故的风险;冷静、谨慎的性格则更可能全面评估风险,做出更加安全合理的决策。

严格遵守安全规程是防止事故的关键。性格散漫、马虎、抑郁的人可能忽视安全规程,或者认为自己有足够的能力和经验去应对各种情况,从而增加事故的风险;性格认真、负责任的人更可能严格遵守安全规程,因为他们更重视自身和他人的安全。

在工作中,压力是不可避免的。性格急躁、易怒的人可能在面对压力时更容易失控,做出冲动的决策或行为;性格坚韧、情绪稳定的人更能有效地应对压力,保持冷静和专注,减少因情绪波动而引发的错误或事故。

安全生产需要团队成员之间的紧密合作和有效沟通。性格孤僻、内向、抑郁的人可能难以融入团队,缺乏必要的沟通和协作,导致信息不畅或误解;性格开朗、善于沟通的人更能在团队中建立良好的关系,促进信息共享和协作,提高安全生产水平。

安全生产还需要不断创新和改进。性格固执、守旧、胆怯的人可能抵制新的安全理念或技术,导致安全生产水平停滞不前或下降;性格开放、有创新精神的人更可能提出新的安全解决方案或改进意见,提高安全生产水平。

二、气质与安全

从词义上解释,气质是指人的生理、心理等素质。按照比较通俗的解释,气质是人的姿态、长相、穿着、性格、行为等元素结合起来给别人的一种感觉。气质是用来形容人的,而相对而言,形容场所的各种感觉,则是用气氛来形容。从心理学上解释,气质是指人典型的、稳定的心理特点,包括心理活动的速度(如语言、感知及思维的速度等)、强度(如情绪体验的强弱、意志的强弱等)、稳定性(如注意力集中时间的长短等)和指向性(如内向性、外向性)。这些特征的不同组合,便构成了个人的气质类型,它使人的全部心理活动都染上了个性化的色彩,属于人的性格特征之一。气质类型通常分为多血质、胆汁质、黏液质和抑郁质4种。

(一)气质的概念

气质是人的个性心理特征之一,它是指在人的认识、情感、言语、行动中,心理活动发生时力量的强弱、变化的快慢和均衡程度等稳定的动力特征,主要表现在情绪体验的快慢、强弱,表现的显隐,以及动作的灵敏或迟钝方面,因而它为人的全部心理活动表现染上了一层浓厚的色彩。它与日常生活中人们所说的"脾气""性格""性情"等含义相近。

可以说,气质在社会中所表现的,是一个人从内到外的一种内在的人格魅力所发挥的一个人内在魅力的质量的升华。所指的人格魅力有很多方面,如修养、品德、举止行为、待人接物、说话的感觉等,所表现的有高雅、高洁、恬静、温文尔雅、豪放大气、不拘小节、立竿见影等。因此,气质并不是自己说出来的,而是自己长久的内在修养与文化修养的一种结合,是持之以恒的结果。

人的气质差异是先天形成的,受神经系统活动过程特性的制约。孩子刚出生时,最先表现出来的差异就是气质差异,有的孩子爱哭好动,有的孩子平稳安静。气质只给人们的言行涂上某种色彩,并不能决定人的社会价值,也不直接具有社会道德评价含义。同时,气质不能决定一个人的成就,任何气质的人经过自己的努力都能在不同实践领域中取得成就,同时也可能成为平庸无为的人。

(二)气质的类型

气质是人格形成的基础,是人格发展的自然基础和内在原因。人格是构成一个人的思想、情感及行为的特有统一模式,这个独特模式包含了一个人区别于他人的稳定而统一的心理品质。

气质类型的概念最早是由古希腊医生希波克拉底提出的。他认为人体内有 4 种体液,即血液、黏液、黄胆汁和黑胆汁,这 4 种体液在体内的不同比例决定了人的气质类型,分别为多血质类型(以血液占优势)、黏液质类型(以黏液占优势)、胆汁质类型(以黄胆汁占优势)、抑郁质类型(以黑胆汁占优势)。希波克拉底还认为多血质爽朗,黏液质迟缓,胆汁质性急,抑郁质抑郁。

罗马医生盖伦在希波克拉底类型划分的基础上,提出了人的气质类型这一概念,把人的气质归纳为 4 种类型,即多血质、胆汁质、抑郁质和黏液质。他认为,多血质开朗活泼、灵活轻率;胆汁质性急冒险、冲动机敏;抑郁质抑郁悲观、沉思坚韧;黏液质安静平和、谨慎敏感。

希波克拉底提出的 4 种气质类型,虽然没有经过严格的科学实验和证明,但对 4 种类型的心理特征和行为描述却比较切合实际,所以至今仍在使用,一般称为传统的气质类型。

后来,苏联生理学家巴甫洛夫在研究高等动物的条件反射时,确定了大脑皮层神经过程(兴奋和抑郁)具有 3 个基本特性,即强度、灵活性和平衡性。神经过程的强度指神经细胞和整个神经系统的工作能力和界限;灵活性指兴奋过程和抑制过程更替的速率;平衡性指兴奋过程和抑制过程之间的相对关系。这 3 种特性的不同结合构成高级神经活动的不同类型。最常见的有 4 种基本类型:强、平衡、灵活(活泼型);强、平衡、不灵活(安静型);强、不平衡(不可遏制型);弱(抑郁型)。巴甫洛夫认为上述 4 种神经系统的显著类型恰恰与古希腊学者提出的 4 种气质类型相当。因此,高级神经活动类型是气质类型的生理基础。两者的关系见表3-1。

表 3-1 气质类型与高级神经活动类型对照表

气质类型	高级神经活动过程	高级神经活动类型	气质类型特点
胆汁质	强、不平衡	不可遏制型	直率热情、精力旺盛、表里如一、刚强,但暴躁易怒、脾气急、易感情用事、好冲动
多血质	强、平衡、灵活	活泼型	活泼好动、反应迅速、热爱交际、能说会道、适应性强,但稳定性差、缺少耐性、见异思迁。具有明显的外向倾向、粗枝大叶
黏液质	强、平衡、不灵活	安静型	安静稳重踏实、反应性低、交际适度、自制力强(性格坚韧)、话少,但有些死板、缺乏生气
抑郁质	弱	抑郁型	行为孤僻、不善交往、易多愁善感、反应迟缓、适应能力差、容易疲劳,性格具有明显的内倾向性

在客观上,多数人属于各种类型之间的混合型。人的气质对人的行为有很大的影响,使每个人都有不同的特点及各自工作的适宜性,因此,在人员选择上,要根据实际需要和个人特点来进行合理调配。

(三)人的气质与安全生产

1. 气质在安全生产中的作用

气质对安全生产有着一定的影响。气质是一个人的"脾气"和"性情",是决定一个人心理活动的全部动力,是个体独有的心理特点。它影响着人们的智力活动方式,决定人们心理活动过程的速度、稳定性、适应能力、灵活程度和心理过程的强度,使人心理活动具有指向性。

在安全生产方面,不同气质类型的人可能会有不同的表现和影响。例如,有些气质类型的人可能更容易适应和应对突发情况,而其他气质类型的人可能更倾向于保持冷静和谨慎。这种差异可能会对安全生产的效率和效果产生影响。

例如,胆汁质的人通常表现出精力旺盛、易冲动、情绪易于激动等特征。在安全生产中,这种气质类型的人可能会表现出更高的工作热情和积极性,但同时也可能更容易出现失误和疏忽。因此,对于胆汁质的人来说,保持冷静和专注是至关重要的。

多血质的人通常表现出活泼好动、反应灵敏、善于交际等特征。在安全生产中,这种气质类型的人可能会表现出更高的适应能力和应变能力,但同时也可能更容易受到外界环境的影响而分散注意力。因此,对于多血质的人来说,保持专注和稳定是至关重要的。

黏液质的人通常表现出沉着冷静、耐心细致、思维缜密等特征。在安全生产中,这种气质类型的人可能会表现出更高的工作效率和质量,但同时也可能更容易出现疲劳和厌倦。因此,对于黏液质的人来说,保持积极性和灵活性是至关重要的。

抑郁质的人通常具有较高的情绪易感性,具有观察细致的特点,这有助于预防事故的发生,但他们也具有情绪不稳定、沟通困难和胆小怕事等特点,这些也可能增加安全事故的风险。因此,在安全生产管理中,需要特别关注抑郁质员工的心理状态和情绪变化,提供必要的支持和帮助,以减轻他们的压力和提高他们的安全意识。同时,也需要加强团队沟通和协作,提高整个团队的安全意识和应对能力。

综上所述,气质对安全生产有一定的影响,但并不是决定性的因素。在安全生产中,我们需要综合考虑个人的气质特点和工作需求,制定相应的管理策略和措施,确保生产过程的安全和稳定。

2. 特殊职业对气质的要求

某些特殊职业,如飞行员、矿井救护员等,具有一定的冒险性和危险性,工作过程中不确定和不可控的干扰因素多,从业人员负有重大责任,要经受高度的身心紧张。这类特殊职业要求从业人员冷静、理智、胆大心细、应变力强、自控力强、精力充沛,对人的气质提出了特定要求。从事这类职业,保证安全是贯彻始终的工作原则和目的。因为这类职业关系着从业人员及更多人员的生命安全。在这种情况下,气质特性影响着一个人是否适合从事该种职业。因此,在选择这类职业的工作人员时,必须测定他们的气质类型,把是否具有该种职业所要求的特定气质特征作为人员取舍的根据之一。

飞行员作为一种特殊职业,其培训和淘汰都是很严格的。有人对空军某部的部分战斗机飞行员和因不适应飞行工作而由飞行员改为地面工作的参谋人员的气质类型做了调查。结果显示,战斗机飞行员中,多血质型占45.31%,胆汁质型占19.80%,胆汁质与多血质混合型占15.13%,多血质与黏液质混合型占5.81%,胆汁质-多血质-黏液质3种混合型占2.32%,前三项气质类型占了88.37%,没发现一名抑郁质型飞行员。而转做地面参谋的人员中,黏液质型占29.90%,抑郁质型占28.74%,黏液质与抑郁质混合型占23%,3项合计占总人数的81.64%,说明在这些参谋人员中,神经系统不灵活或弱型人员占主要成分。这表明,强、平衡而灵活的神经类型是适应于空中飞行特点的,因此要求飞行员的气质特征更多地倾向于多血质,这与调查结果相吻合;反之,具有较多的黏液质和抑郁质倾向的人不适合从事飞行员工作,这也与调查结果相吻合。

三、能力与安全

人们日常生活中,对能力的基本解释:一是指能力素质,即在任务或情景中表现的一组行为;二是指能力的大小;三是指做事情的技巧。能力与知识、经验和个性特质共同构成人的素质,成为胜任某项任务的条件。有的能力具有先天性特点,如记忆能力、语言能力等。对于大多数人来说,能力更具有后天性特点,即能够通过专门训练获得,如游泳、体操、绘画、武功等能力就是如此。对于企业生产作业而言,人员的所有操作能力都是可以培养训练出来的。

(一)能力的概念、特点

1. 能力的概念

从心理学层面来讲,能力就是掌握和运用知识技能所需要的个性心理特征。能力总是和人完成一定的活动联系在一起的,离开了具体活动既不能表现人的能力,也不能发展人的能力。

根据能力影响范围的大小,可将能力分为一般能力与特殊能力。根据能力的主动性、独立性、创造性的不同,可将能力分为模仿能力与创造能力。根据能力影响的活动领域的不同,可将能力分为认知能力、操作能力与社交能力。能力的形成和发展受许多因素制约,能力反映着人活动的水平。在生产和生活中,能力总是和人的活动联系在一起,只有从活动中才能看出人所具有的各种能力。能力是保证活动取得成功的基本条件,但不是唯一的条件。活动的过程和结果往往还与人的其他个性特点,以及知识、环境、物质条件等有关。但在其他条件相同的情况下,能力强的人比能力弱的人更易取得成功。

能力是顺利完成某一活动所必需的主观条件。能力是直接影响活动效率，并使活动顺利完成的个性心理特征。人的能力不同，那么获得的成就也不同，人的能力越大，成就一般也会越大。

2. 对能力的认识

人的能力与自身素质、所掌握的知识技能相关。同时，人的能力还体现在不同方面，形成一般能力与特殊能力的差别。

(1) 能力与素质的关系。能力是在素质的基础上产生的，但能力并不是人生来就具有的。素质本身并不包含能力，也不能决定一个人的能力，它仅提供人某种能力发展的可能性。如果不去从事相应的活动，有再好的素质，能力也难以发展起来。人的能力是在某种先天素质同客观世界的相互作用过程中形成和发展起来的，而素质会制约能力的发展。

(2) 能力与知识、技能的关系。能力与知识、技能既有区别，又有联系。知识是人类社会实践经验的总结，是信息在人脑的储存；技能是人掌握的动作方式。能力与知识、技能的联系表现在：一方面，能力是在掌握知识、技能的过程中培养和发展起来的；另一方面，掌握知识、技能又是以一定的能力为前提的。能力制约着掌握知识、技能过程的难易、快慢、深浅和牢固程度。它们之间的区别在于，能力不表现在知识、技能本身，而表现在获得知识、技能的动态过程中。

(3) 一般能力和特殊能力。人要顺利地进行某种活动，必须具有两种能力：一般能力和特殊能力。一般能力是在许多基本活动中都表现出来且在各种活动中都必须具备的能力。例如，观察力、记忆力、想象力、操作能力、思维能力等，都属于一般能力。这几种能力的综合也称为智力。特殊能力是在某种专业活动中表现出来的能力，如绘画能力、交际能力等。要顺利地进行某种活动，必须既具有一般能力，又具有与这项活动相关的特殊能力。特殊能力是建立在一般能力的基础上的，是一般能力的特别发展；特殊能力的发展同时也能带动一般能力的发展。

(二) 能力测量

能力测量是运用经过精心研究设计出的各种标准化量表对人的能力进行定量分析，并用数值表示其水平的一种方式。能力测量按照所测能力的类别，可分为一般能力测量、特殊能力测量和创造力测量。

(1) 一般能力测量，也称为智力测量。1905年，法国心理学家比纳(Binet)根据测量智力落后儿童的需要，与西蒙(Simon)制成了第一个测量智力的工具，即比纳-西蒙量表(Binet-Simon Scale)。这个量表发表后，引起了许多国家的重视，被翻译成多种文字，在许多国家推广。美国斯坦福大学心理教授推孟(Terman)修订了比纳-西蒙量表，制成了斯坦福-比纳量表(Stanford-Binet Scale)。这个量表又经过1957年、1960年、1972年的几次修改，成为最有影响力的一个量表。为了便于不同儿童间的智力比较，德国心理学家施太伦(Sterm)提出了

"智力商数(简称智商,IQ)"的概念,即智力年龄除以实足年龄所得的商数。推孟在制定斯坦福-比纳量表时正式引用了智力商数并加以改进。推孟为去掉商数的小数,将商数乘以 100,用 IQ 代表智商,称为比率智商,其公式为

$$IQ = \frac{MA(智力年龄)}{CA(实足年龄)} \times 100$$

在斯坦福-比纳量表中,每个年龄都有 6 个条目,每个条目代表 2 个月的智龄,这样根据儿童完成测验的条目就可以得出他们的智龄。如果一个 5 岁的儿童完成了 5 岁的全部项目,那么他的智力年龄与实足年龄都是 5 岁,其智商 IQ=(5/5)×100=100,这表明他的智力是中等的。如果一个 5 岁的儿童完成了 5 岁的全部项目,还通过了 6 岁的全部项目,那么他的智力年龄为 6 岁,实足年龄为 5 岁,其智商为 IQ=(6/5)×100=120,这表明他的智力高于一般的儿童。同理,如果一个儿童的 IQ 低于 100,则表明这个儿童的智力低于同年龄的一般水平。

用比率智商来比较人们之间的智力差异,会遇到一个无法解决的问题,即人的智力到了一定的年龄便不再增长了,而实际年龄却在不断地增长。于是,年龄越大,智商越小,这与实际情况是不相符的。为了解决这个问题,美国心理学家韦克斯勒(Wechsler)根据智商态分布的事实提出了离差智商的概念。他认为一个人智商的高低,实际上要看他在同龄分布中占的位置,并认为智商是以平均数字 100 和标准差 15 的正态形成分布的。于是他提出了如下公式:

$$IQ = 100 + 15 \times [(X - \overline{X})/SD]$$

式中:IQ 为离差智商;X 为个人测验得分;$\overline{X}$ 为团体的平均分;SD 为标准差。

如果某年龄组的平均分数为 80 分,标准差为 10 分,甲生得了 90 分,其离差智商是 IQ=100+15×[(90−80)/10]=115;如果乙生得了 70 分,其离差智商是 IQ=100+15×[(70−80)/10]=85。

离差智商的特点是:一个人智力水平的高低不是与自己比,而是与自己的同龄人的总体平均智力相比较。其优越性在于免除了智力年龄的局限,不再受智力发展变异性问题的困扰,不管智力发展到什么年龄,同龄人总可以和同龄人的总体平均智力相比较。而且,如果个人的离差智商值有了变化,便可以断定该人的智力有了变化。由于它比较科学,所以国内外智力测验大多数用离差智商。韦克斯勒制定的量表有 3 个:一是用来测量成人(16~75 岁)智力的;二是测量儿童(6~16 岁)智力的;三是测量幼儿(4~6.5 岁)智力的。量表使用的试题与斯坦福-比纳量表的性质相差不大,但试题并不按年龄的大小来区分,而是以这些试题所测的能力来划分。它具体分为言语和操作两个分量表,言语分量表又包括常识、理解、词汇、记忆广度、算术推理、言语识别等分测验;操作分量表包括拼图、填图、图片排列、搭积木、符号学习等分测验。每个测验均可单独记分,智力的各个侧面能够直接从测验中获得。

大规模的智力测验表明,人的智商基本上是呈正态分布的。即智力极低的人与极高的人都是极少数,绝大多数人属于中等。推孟曾用斯坦福-比纳量表对 2~18 岁的 2904 人进行了测验,其结果见表 3-2。

表 3-2 智力分级表

智商/分	级别	占比/%
140 以上	非常优秀（天才）	1
120～139	优秀	10
110～119	中上	16
90～109	中等	46
80～89	中下	16
70～79	临界智力	8
70 以下	心智不足	3

(2)特殊能力测量。要测定从事某种专业活动的能力，需要对某种专业进行分析，找出它所需要的心理特征，然后根据这些心理特征列出测验项目，设计测验，以便进行特殊能力的测验。特殊能力的测验具有较强的针对性，因而对职业定向指导、安置和选拔从业人员、发现和培养具有特殊能力的儿童有重要意义。但这种测验发展较晚，因而测验的标准化问题尚未得到令人较满意的解决。

(3)创造力测量。创造力即为产生新思想，发现和创造新事物的能力。它与一般能力的区别主要在于具有独创性和新颖性，其中最重要的是发散思维。测定发散思维能力，在一定程度上可知创造力的高低，因而许多创造力的测验都是设法测量被测试者的发散思维水平。

能力测量是一项专业性很强的工作，要由心理学工作者和经过专门训练的人员承担。一般人切忌乱编滥用，以防产生不良的社会效果。

(三)人的能力与安全生产

1. 人的能力与安全生产的关系

能力通常是指一个人能够发挥的力量。人的能力包括本能、潜能、才能、技能，它直接影响着一个人做事的质量和效率。员工的工作能力与工作业绩呈密切的正相关关系。业绩是外在的，能力是内在的。一般情况下，具有较好工作业绩的员工，其工作能力也一定较强；而工作能力较强的员工在工作业绩表现上一般而言也会很不错。

任何工作的顺利开展都要求人具有一定的能力。人在能力上的差异不但影响着工作效率，而且也是能否搞好安全生产的重要制约因素。对于安全生产工作来讲，需要注意不同人员所具有的能力。

(1)特殊职业对能力的要求。特殊职业的从业人员要从事冒险和危险性及负有重大责任的活动，因此这类职业不但要求从业人员有着较高的专业技能，而且要具有较强的特殊能力。选择这类职业的从业人员，必须考虑能力问题。选择特殊职业的从业人员应该进行能力测验，以确定其是否具有该职业所要求的特殊能力及水平。实践证明，经过能力测验，辨别出能力强者和能力弱者,对弱者重新进行职业培训或淘汰,可以更有效地保证特殊职业的生产安全,减少事故发生。

(2)普通职业对能力的要求。为保证安全生产,普通职业对特殊能力也有一定的要求。实际生产中存在这样的现象:有的员工一个工作日可以轻松地完成别人数个工作日才能完成的任务,而有些员工虽然工作勤恳努力,却费了好大劲才可以完成一个工作日的任务。类似这样的例子在每个企业都可以找到,这种工作成绩的差别是职业技能不同造成的。

人在能力上的差别,最容易理解的是,能力的不同导致人体力消耗的不同,工作效率高的人无用动作要少得多。他们善于保持体力,不易感到疲劳,而疲劳会导致生产效率下降。从操作行为上看,能力强的人工作起来从容不迫,注意分配均衡,动作规范;能力差的人则易紧张,手忙脚乱,拿东忘西,顾头顾不了尾,易产生操作失误。此外,能力强的人在工作上有信心,精神焕发;能力差的人则会因不称职而感到苦恼,情绪低落。

2. 安全生产需要注意人的能力差异

人的能力有大有小,各不相同。一般而言,人在能力方面各有长处与短处,各有优势与劣势。通过学习实践,许多人能够提升自己的能力,改变自己的劣势与短处,或者通过学习实践,使长处更长、优势更优。在企业管理和班组管理中需要重视能力的个体差异,特别是班组长更要注意这一问题,努力做到人尽其才。

(1)人的能力与岗位职责要求相匹配。管理者在员工工作安排上应因人而异,使人尽其才,发挥和调动每个人的优势能力,避开非优势能力,使员工的能力和体力与岗位要求相匹配。这样可以调动员工的劳动积极性,提高生产率,保证生产中的安全。

(2)发现和挖掘员工潜能。管理者不但要善于使用人才,还要善于发现人才和挖掘员工的潜能,这样可以充分调动人的积极性和创造性,使员工工作热情高,心情舒畅,心理上得到满足,不但可避免人才浪费,而且有利于安全生产。

(3)通过培训提高人的能力。培训和实践可以增强人的能力,因此应对员工开展与岗位要求相一致的培训和实践,通过培训和实践提高员工的能力。

(4)团队合作时,在人员安排上应注意员工能力的相互弥补。团队的能力系统应是全面的,这对作业效率和作业安全具有重要作用。

第四节 与安全密切相关的心理状态

在安全生产中,常常存在一些与安全密切相关的心理状态,这些心理状态如果调整不当,往往是诱导事故的重要因素。常见的与安全密切相关的心理状态有以下几种。

一、省能心理

人类在同大自然的长期斗争和生活中养成了一种心理习惯,总是希望以最小能量(或者说付出)获得最大效果。当然这有其积极的方面,鼓励人们在生产、生活各方面以最小的投入获取最大的收获,如经济学中的"投资-效益最大化原理"。这里的关键是如何把握"最小"这个尺度,如果在社会、经济、环境等条件许可的范围内,选择"最小"又能获得目标的"较好",当然应该这样做。但是这个"最小"如果超出了可能范围,目标将发生偏离和变化,就会产生从量变到质变的飞跃。它在安全生产上常是造成事故的心理因素。有了这种心理,就会产生简化作业的行为。如某铁厂在维修高炉时,发现蒸汽管道上结成一个巨大的冰块,重约0.4t,妨碍管道的维修。工人企图用撬棍撬掉冰块,但未撬动,如果采取其他措施则费时、费力,于是在省能心理支配下,在悬着的冰块下面进行维修。由于振动和散热影响,冰块突然落下打在工人身上,发生人身事故。

省能心理还表现为嫌麻烦、怕费劲、图方便、得过且过的惰性心理。例如,一运输工在运输中已发现轨道内一松动铁桩碰了他的车子,但懒于处理,只向别人交代了一下,在他第二次运输作业中因此桩造成翻车事故,恰好伤害了自己。

二、侥幸心理

人对某种事物的需要和期望总是受到群体效果的影响,在安全事故方面尤其如此。生产中虽有某种危险因素存在,但只要人们充分发挥自己的自卫能力,切断事故链,就不会发生事故,因此事故是小概率事件。多数人违章操作也没发生事故,所以就产生了侥幸心理。在研究分析事故案例中可以发现,明知故犯的违章操作占有相当的比例。例如,某滑石矿运输工人不懂爆破知识,为了紧急出矿,抱着侥幸心理冒险进行爆破作业,结果发生事故,当场被炸死。

三、麻痹心理

麻痹心理通常是指对于存在的问题或风险,因没有足够的重视或处理能力,而采取了忽视或轻视的态度。这种心理可能导致对问题的严重性认识不足,对采取必要的行动和措施的反应迟钝或延迟。麻痹心理的具体表现包括马马虎虎、大大咧咧、口是心非、盲目自信等。

在安全生产中,麻痹心理可能导致对安全风险的低估和忽视,从而增加事故发生的可能性。因此,要克服麻痹心理,需要保持清醒的头脑,正视问题的存在,采取有效的措施,并保持积极的心态。

四、逞能心理

逞能心理通常是指一个人在某些场合为了表现自己的能力或技巧,不顾自身和他人的安全而采取过度冒险或过度激进的行动。这种心理有时会导致人们作出一些危险或不明智的行为,给自己和他人带来不必要的风险和伤害。

在安全生产中,逞能心理也是重要的危险因素。一些员工可能会为了表现自己的能力或技能,不顾安全规程和操作要求而采取冒险的行为,从而增加事故发生的可能性。这种心理状态往往会导致员工在工作中忽视安全风险,甚至故意违反安全规定,给自己和其他员工带来安全威胁。

五、逆反心理

某些条件下,个别人在好胜心、好奇心、求知欲、偏见、对抗情绪等心理状态下,产生与常态心理相对抗的心理状态,偏偏去做不该做的事情。比如某厂某工人出于好奇和无知,用火柴点燃乙炔发生器浮筒上的出气口,试试能否点火,结果发生爆炸,自身死亡。

六、凑兴心理

凑兴心理是人在社会群体中产生的一种人际关系的心理反应,多见于精力旺盛、能量有余而又缺乏经验的青年。从凑兴中得到心理上的满足或发泄剩余精力,常易导致不理智行为。如汽车司机争开飞车,争相超车,以致酿成事故的为数不少。开玩笑过程中导致的事故纯属凑兴心理造成的危害。

七、群体心理

群体心理又叫从众心理。社会是个大群体,工厂、车间也是群体,工人所在班组则是更小的群体。群体内无论大小,都有群体自己的标准,也叫规范。这个规范有正式规定的,如小组安全检查制度等,也有不成文、没有明确规定的,人们通过模仿、暗示、服从等心理因素互相制约。有人违反这个标准,就受到群体的压力和"制裁"。群体中往往有非正式的"领袖",他的言行常被别人效法,因而有号召力和影响力。如果群体规范和"领袖"是符合目标期望的,就产生积极的效果,反之则产生消极的效果。若使安全作业规程真正成为群体规范,且有"领袖"的积极履行,就会使规程得到贯彻。许多情况下,违反规程的行为无人反对,或有人带头违反规程,这个群体的安全状况就不会好。应该利用群体心理,形成良好的规范,使少数人产生从众行为,养成安全生产的习惯。

对于安全规程和安全教育,不同的工人表现出不同的个体差异,教育效果差别显著。如果能对"领袖"做好工作使之产生积极的行为,就会影响其他人也积极遵守规程。这就是抓典型的作用。群体中总有一种内聚力,这种内聚力给予成员的影响常常大于家庭、教师和父母。例如,青少年有问题不愿找父母谈,而愿找群体内同辈成员谈。工人不愿找领导谈,而在同辈中无所顾忌。利用这种心理状态,在群体中培养安全骨干,使其精心诱导,便可以产生积极效果。

八、冒险心理

冒险心理是指行为人不顾危险、不计后果,为满足非法需要,达到某种目标而盲目行动的一种心理状态,具有贪欲、冲动、激情、报复、绝望和强烈的反社会意识的心理特点。在冒险心理支配下的犯罪行为多是暴力犯罪。

这些不安全心理可能会导致员工在工作中忽视安全要求、冒险作业、违反规定等,从而增加安全事故的风险。因此,需要加强对员工的安全教育和培训,提高他们的安全意识和技能水平,以避免不安全心理对安全的影响。同时,企业也需要建立完善的安全管理制度和监督机制,确保员工能够遵守安全规定和操作规程,保障生产安全。

思考题

1. 个性心理的定义是什么？它如何影响个人的工作安全？
2. 哪些个性心理特质与安全行为正相关？为什么？
3. 如何评估员工的个性心理特质对安全的影响？
4. 探讨不同个性心理特质在应对工作压力和挑战时的表现。
5. 个性心理特质如何影响员工对安全规定的态度和遵守程度？
6. 如何平衡个性心理特质与组织安全文化的契合度？
7. 如何通过培训和辅导改善员工的个性心理特质，提高其安全意识和行为？
8. 个性心理特质如何影响个体在紧急情况下的应对能力？
9. 如何识别和应对个性心理特质导致的安全隐患和风险？
10. 如何通过个性心理的关怀和支持，帮助员工更好地应对工作压力和挑战，从而提升整体的安全水平？
11. 如何利用马斯洛的层次需要理论进行安全管理工作？

【实例3】　麻痹心理导致的事故

2021年7月21日18时30分许,惠安县××镇××村某商户门口路段的污水管网建设工程现场,发生一起因水平定向钻作业导致的天然气泄漏事故,事故未造成人员伤亡及环境污染。

事件经过如下:2021年7月21日,某公司在××镇××村进行水平定向钻作业,进钻工作坑位于××村峰前东605号房屋旁,出钻工作坑位于××村西沙路6号房屋旁,班组人员使用直径11cm的钻头进行导向孔施工,逐步依次采用每加10~15cm的直径钻头进行分级扩孔作业,16时30分开始用直径45cm钻头进行扩孔,18时30分水平钻头与该商户门口路段天然气地下穿越管道发生剐蹭,导致天然气管道损坏开裂,造成天然气部分泄漏。

经调查,该公司在污水管网穿越××路进行水平定向钻施工作业过程中,在未确认天然气管道具体埋深的情况下,盲目施工,扩孔钻头造成该商户门口路段天然气管道损坏,天然气泄漏,是这起事故的直接原因。

该事件中,作业人员盲目自信,在未确认天然气管道具体埋深的情况下,盲目进行施工,过于自信地认为可以避免与天然气管道的接触。在施工过程中,可能存在对潜在危险的忽视,没有对现场进行详细勘察,也没有制定相应的预防措施。过于依赖过去的经验,没有根据实际情况进行适当的调整和预防,导致事故的发生。

【实例4】　省能心理造成的事故

2023年2月24日上午8时许,某旅游开发有限公司6名员工(陈某德、白某莽、邓某红、谢某艳、余某红、吴某青)上山植树,为了免于爬山之累,私自启用了尚未完成建设的单轨运输车,行驶中途,邓某红自行下车,单轨运输车继续上行,行至急上坡段,单轨运输车突然停止上行,开始倒溜,吴某青迅速下车,几秒钟后,单轨车急速倒溜,造成车上陈某德、白某莽、谢某艳、余某红被甩出,其中陈某德头部撞到石头,经送医抢救无效,于上午10时52分宣告死亡,白某莽、谢某艳、余某红轻伤,均无生命危险。

这起事件中,员工为了免于爬山之累,追求便利和省力,私自使用尚未完成建设的单轨运输车,而忽视了安全的重要性。

第四章 易致人为失误的生理、心理因素

第一节 概 述

人,本身是一个随时随地都在变化着的巨大系统。这样一个巨大系统被大量的、多维的自身变量制约着,同时又受到系统中机器与环境方面的无数变量的牵涉和影响,在生产劳动过程中,每个作业者作为一个处在复杂社会关系中的人,都会受到来自自然、社会、企业、家庭、以及具体的工作环境和劳动群体等外界环境及个人生理、心理特点中异常因素的影响,生理、心理状态发生不利变化。这些来自作业者外部和内部干扰因素的影响,都将导致作业可靠性降低,以致出现人为失误或差错,从而导致事故的发生。

在研究人的作业可靠性时,常采用概率的方法和因果的方法进行定量和定性的研究。如果用人的失误率来定量分析,作业可靠性可用下式表示:

$$R = 1 - F$$

式中:R 为人的作业可靠度;F 为人的失误率。

因此,人的作业可靠度可以定义为:作业者在规定的条件下和规定时间内能成功完成规定任务的概率,人的作业可靠度可作为可靠性的量化指标。

影响人的作业可靠性的因素很多,常见的内部干扰因素和外部干扰因素见表4-1。

表4-1 影响人的作业可靠性的内部干扰因素和外部干扰因素

内部干扰因素	①不良的生理、心理状态,如疲劳、情绪波动(如愤怒、恐惧、惊慌、时间紧迫感等)、注意分散或不注意、睡眠不足或大脑觉醒水平低、生理节律低谷期;②个性心理特征(如能力、气质、性格等)中的一些与职业的不适应因素或不良因素;③遗传生理、心理缺陷或患有身体和精神疾病等;④安全知识、技能训练水平和工作经验方面的欠缺;⑤安全意识差、职业道德和价值观上的缺陷等
外部干扰因素	①不良的自然环境,如噪声、振动、高温或低温、高湿、照明不足、粉尘或烟雾、有害有毒气体、生产空间狭窄或布置不合理;②不良的社会环境,如管理行为恶劣或不当、社会不良的价值观、安全文化上的缺陷,安全管理松弛及法律与制度方面的缺陷等;③操作系统,信号装置、仪表等的设计存在安全人机工程学上的不合理因素;④工作岗位、工种或场地的变动;⑤过高的工作负荷,如作业强度过高、劳动时间过长、作业姿势的限定等;⑥个人生活中的变动因素,如亲友亡故、家庭纠纷或变故等;⑦药物、毒物(包括酒精)等作用于人体而造成的影响;⑧文化教育、安全教育培训不足

第二节 疲劳因素

一、疲劳的性质与特点

劳动者在连续工作一段时间以后,会有劳累和机能衰退现象,这就是疲劳。疲劳是一种正常的生理、心理现象。从生理学的观点来看,疲劳和休息是能量消耗与恢复相互交替的机体活动。疲劳与休息的合理调节,可以使人体的感觉器官、运动器官与中枢神经系统的机能得到锻炼、提高。在适度的范围内,疲劳对人体并没有什么害处。相反,人体如果长期缺乏应有的疲劳,则会引起机体内部活动的失调,如睡眠不良、食欲不佳、精神不振等。但是,如果因工作负荷过重及连续工作时间过长,造成过度疲劳,就会严重影响人的心理活动的正常进行,造成人体生理、心理机能的衰退和紊乱,从而使劳动效率下降、作业差错增加、工伤事故增多、缺勤率增高等。

现在,疲劳对安全生产的影响已引起人们广泛的重视,已有人把疲劳称为工业事故中具有头等重要性的因素之一,同时也是国际上工业安全方面一个长期研究的重点领域。因此,对我国的研究者和安全管理工作者应该更加重视疲劳因素的研究和预防,加强对劳动者休息权的保护,以缓解我国各类事故居高不下、人民的生命和财产遭受严重损失的局面。

疲劳按其产生的性质,可分为生理疲劳(或称体力疲劳)和心理疲劳(或称精神疲劳)两种。生理疲劳是由人体连续不断的活动(或短时间的剧烈活动),使人体组织中的资源耗竭或肌肉内产生的乳酸不能及时分解和排泄引起的。心理疲劳有时是由长时间集中于重复性的单调工作引起的,因为这种工作不能引起劳动者的动机和浓厚的直接兴趣,加之没有适当的休息与调换工作的性质,就会使人厌倦和焦躁不安,甚至失去控制情绪的能力。在有些情况下,心理疲劳可能由有的工种需要用脑判断精细而复杂的劳动对象,脑力消耗太大而引起。在另一些情况下,可能由人事关系矛盾或家庭纠纷等令人很伤脑筋的事情造成精神疲劳。

生理疲劳和心理疲劳在劳动中并不一定是同时产生的。有时身体上并不感到疲劳,而心理上却感到十分厌倦。也有时虽然工作负担很重,身体上感到疲劳,但由于工作富有意义或作出了成就而感到精神轻松,仍能很有兴趣地工作。生理疲劳和心理疲劳既有一定的区别,又有一定的联系,并且相互制约。在生理上疲劳时,由于某种动机的驱动和意志上的努力,可以继续工作一段时间,但不能维持过长,超过某种限度,勉强工作就会引起过度的疲劳。这不仅有碍于劳动者的身心健康,而且容易产生意外事故。因此,在实际工作中,要尊重人体的生理规律,对延长劳动时间和加班必须予以严格的限制。

二、疲劳的产生与发展规律

1. 疲劳产生与发展的阶段

感觉疲劳是人人都曾经历过的事情,感觉疲劳后最想做的事情就是休息。疲劳这一特殊的生理、心理现象的产生与发展,可分为以下几个阶段。

第一阶段是疲劳的积累。疲劳在活动过程中产生,并随活动时间的持续而逐渐积累、加重。活动时间越长,疲劳感就越重、越明显。

第二阶段是疲劳的持续。人体发生疲劳后,并不随活动的停止而消失,它要持续一段时间。疲劳的程度越重,持续的时间也就越长。

第三阶段是疲劳的缓解和消失。

2. 疲劳的发展与人体生理效率之间的关系

有关学者的研究表明,疲劳的发展与人体生理效率之间的关系变化,大体要经历以下4个时期。

(1)机能水平上升的逐步适应期。例如,刚上班不久,人体的感觉器官、运动器官,从不适应工作环境到逐步适应,这个时期工作效率不高,人体能量消耗不多,所以一般不会产生疲劳的感觉。

(2)机能水平高的适应期。这个时期人体机能完全适应了工作环境,工作效率较高,机体能量消耗也较大。但由于体内能量的储存,能量的供应与消耗仍能保持平衡状态,所以劳动者只有轻度的疲劳感。

(3)机能水平趋于下降的意外补偿期。这个时期机体内的能量开始满足不了活动的需要,劳动者也有明显的疲劳感。但是,由于工作的责任感与主观意志的努力,工作效率仍能保持或稍低于前一时期的工作水平。

(4)机能水平下降的不适应期。下班前往往处于这一时期,工作效率迅速下降、机体能量供应明显不足,劳动者感到饥饿、四肢无力、腰酸背痛,有较重的疲劳感。

3. 疲劳产生与变化的特征

(1)疲劳有一定的积累效应。未完全恢复的疲劳可在一定程度上继续存在到次日。在重度劳累之后,第二天还会感到周身无力,不愿动,就是积累效应的表现。如果次日又达到六分疲倦程度,就感到疲劳至极了。

(2)疲劳可以恢复。年轻人比老年人恢复得快,体力上的疲劳比精神上的疲劳恢复得快。

(3)人体对疲劳也有一定的适应能力。例如,连续工作几天之后,反而不觉得累了,这是体力上的适应性。

(4)青年员工作业中产生的疲劳感较老年员工小得多,而且易于恢复。青年人的心血管系统和呼吸系统比老年人功能旺盛,供血、供氧能力强。某些强度大的作业是不适合于老年人的。

(5)环境因素直接影响疲劳的产生、加重或者减轻。例如,噪声可加重甚至引起疲劳,而优美的音乐可以舒张血管、松弛紧张的情绪而减轻疲劳。因此,某些作业过程中、休息时间和下班后,听听抒情音乐有助于缓解疲劳,是很值得提倡的。

(6)工作单调易让人产生疲劳感。周而复始地做着单一的、毫无创造性的、重复的工作,这种没有兴趣的"机器人"作业,最容易使人产生厌烦情绪,更容易产生疲劳感。

(7)夜班比白班更容易让人感到疲劳。劳动心理学家的专门研究表明,夜班完成白班工作量的80%,就会感到与白天一样的疲劳。

三、疲劳产生的原因分析及其容易引发的事故

1. 疲劳产生的一般原因

在生产作业中,能够引起人员疲劳的原因有很多。既有劳动强度过大、作业时间过长、作业环境较差及身体条件不适应等一般原因,又有诸如缺乏对本职工作的积极动机、工作中存在消极的心理因素等众多的心理原因。在生产实际中,疲劳产生的一般原因主要为:操作不熟练;睡眠不足;连续作业时间过长;休息时间不足;连续多日白班或夜班;白天和夜间连续作业;过长时间加班,精力消耗大;作业强度过大,体力损耗过大;劳动中能量代谢率过高;拘束、固定的作业姿势时间过长;工作单调,简单重复,缺乏变化;过于年轻或年龄过大,不适应岗位工作;环境不佳(高温、照明不足、振动、噪声等);有害物质的作用;不利的作业条件(如作业位置过高、过低或作业空间狭窄等);患病或体力下降等。

2. 疲劳产生的心理原因

疲劳产生的心理原因主要为:心情烦躁,生产热情低下;心情郁闷,兴趣丧失;工作不安定(如不安心本职工作、担心失去工作等);更换新的环境或者更换新的领导,感到拘束、束缚;家庭不和;惦记家务事(家人生病、经济紧张等);身体有病,对健康感到担心;面对不断变化的情况产生危险感和危机感;生产任务、产品质量、安全保障等压力大,责任过大;心中存在种种不满(对工资、福利、晋升、不平等待遇,以及对整个企业的不满等);职业工种与个性特征不适应;兴奋过度、睡眠不足等产生疲劳暗示。

3. 疲劳的类型

作业疲劳是劳动生理的一种正常表现,它起着预防机体过劳的警告作用。从正常作业状态到主观上出现疲劳感直到筋疲力尽有一个时间过程,疲劳程度的轻重决定于劳动强度的大小和持续劳动时间的长短。心理因素对疲劳感的出现也起作用。一般来说,对工作厌倦、缺乏认识和兴趣而不安心工作,极易出现疲劳感;相反,对工作具有高度兴趣和责任感或有所追求,则疲劳感常出现在生理疲劳发生很长时间以后。

对疲劳的类型有不同的划分,比较常用的是分为急性疲劳、亚急性疲劳和慢性疲劳。其中慢性疲劳常伴有心理因素,长期劳累以致心力交瘁,实际上已超出疲劳的概念范畴。疲劳还可以分为局部肌肉疲劳和全身性(中枢性)疲劳。对于疲劳,可以细分为以下5种类型。

(1)个别器官疲劳。如计算机操作人员的肩肘痛、眼疲劳;打字、刻字、刻蜡纸工人的手指和手腕疲劳等。

(2)全身性疲劳。进行较繁重的劳动,由于全身动作,表现为关节酸痛、困乏思睡、作业能力下降、错误增多、操作迟钝等。

(3)智力疲劳。长时间从事紧张脑力劳动引起的头昏脑涨、全身乏力、肌肉松弛、嗜睡或

失眠等,常与心理因素相联系。

(4) 技术性疲劳。常见于体力脑力并用的劳动,如驾驶汽车、收发电报、半自动化生产线工作等,表现为头昏脑涨、嗜睡、失眠或腰腿疼痛。

(5) 心理性疲劳。多是由单调的作业内容引起的。例如,监视仪表的员工,表面上坐在那里悠闲自在,实际上并不轻松。信号率越低越容易疲劳,导致警觉性下降。这时的疲劳并不是体力上的,而是大脑皮层的一个部位经常兴奋引起的抑制。

除此以外,还有周期性疲劳。根据疲劳出现的周期长短,又可分为年周期性疲劳和月、周、日周期性疲劳。这种疲劳出现的周期越长,越具有社会因素和心理因素的影响。例如,员工在春节休假后刚上班的头几天,作业能力总是低水平的,而且主观上有明显的疲劳感,似乎没有充分恢复体力。体力劳动强度越大,上述感觉越突出。又如,作业人员在周初感到不适应紧张的工作,周末则有明显的疲劳感。上述诸例中,体力疲劳是基础,但心理因素具有明显的作用。

4. 人在疲劳时的生理、心理状态

疲劳是一种主观不适感觉,但客观上会在同等条件下,失去其完成原来所从事的正常活动或工作的能力。所以,作业疲劳现在是国际公认的主要事故致因之一。作业疲劳可使作业者产生一系列精神症状和身体症状,这必然影响到作业人员的作业可靠性,并常常引起伤亡事故。

人在疲劳时的生理、心理状态基本相同,所感觉感受的情况也基本相同。根据俄罗斯心理学家列维托夫对疲劳的研究,人在疲劳时的生理、心理状态包括以下几个方面。

(1) 无力感。许多时候当劳动生产率还没有下降的时候,工人已经感到劳动能力有所下降,这就是疲劳反应。劳动能力下降表现为一种特殊的难受感觉和缺乏信心。工人感到无法按照规定的要求继续工作下去。

(2) 注意的失调。注意乃是最易疲劳的心理机能之一,在疲劳状态下,注意力容易分散,并表现为怠慢少动,或者相反,产生杂乱的好动,游移不定。

(3) 感觉方面的失调。在疲劳的情况下,参与活动的感觉器官功能会发生紊乱。如果一个人不间歇地长时间读书,那么他会说眼前的字行"开始变得模糊不清"。听音乐时间过长,高度紧张,会丧失对曲调的感知能力。手工作时间过长,会导致触觉和运动觉敏感性的减弱。

(4) 记忆和思维故障。与工作相关的领域都会直接出现这种故障。在过度疲劳的情况下,工人可能忘记操作规程,把自己的工作弄得杂乱无章。与此同时,对与工作无关的东西,反而熟记不忘。脑力劳动造成的疲劳尤其有损于思维过程,然而在体力劳动造成疲劳的情况下,工人也经常抱怨自己的理解能力降低和头脑不够清醒。

(5) 意志减退。疲劳状态下人的决心、耐心和自我控制能力减退,缺乏坚持不懈的精神。

(6) 睡意。疲劳能够引起睡意。这种情况下,睡意是保护性抑制反应。人工作得疲惫不堪,睡的要求会变得强烈,以致任何姿势下也能入睡。实践中我们有时会看到,在连续工作时间太长而疲劳至极时,人会毫无警觉地突然入睡。这种情况对于正在从事风险因素较多的工作的作业人员来说十分危险,如在井下从事采掘工作的矿工、各种车辆司机等。

5. 疲劳作业容易导致事故的原因

疲劳引起事故的原因主要有以下几个方面。

(1)睡眠休息不足、困倦容易引起事故。这类事故多见于夜班或长时间作业未得到休息的情况,多为技术性作业事故。如某矿的卷扬机司机,白天休息不充分,夜班时打盹,开动卷扬机后即进入半睡眠状态,以致造成过卷事故,拉断钢绳,坠入井底。类似事故不胜枚举。

(2)反应和动作迟钝。疲劳感越强,人的反应速度越慢,手脚动作越迟缓。

(3)重体力劳动的省能心理。重体力劳动常给作业人员造成一种特殊的心理状态,省能心理反映在作业动作上,常因简化而违反操作规程。

(4)疲劳心理作用。疲劳常造成心绪不宁,思想不集中,心不在焉,对事物反应淡漠、不热心,视力、听力减退等。

(5)环境因素助长疲劳效应。例如,各工业部门在高温季节(七八月份)事故发生率较高;室外作业则在寒冷季节事故率增大。

(6)疲劳与机械化程度。历史地分析事故发生率可以发现:手工劳动时期事故率低,高度机械化、自动化作业事故率也较低;半机械化作业事故率最高,其中包含许多人机学问题。半机械化作业时,人必须围绕机械进行辅助作业,由于人比机械力气小、动作慢,所以往往用力较大,造成疲劳,再加上人机界面存在的问题就会导致事故发生。

四、作业疲劳的检测方法

目前对疲劳还没有一种方法能够直接客观地测定和评价。只能通过对劳动者的生理、心理等指标的间接测定来判断疲劳程度。测定疲劳的内容及其有关的方法很多(但基本分为三大类:生化法、生理心理测试法、他觉观察及主诉症状调查法),实际使用时应根据疲劳的种类及作业特点选择测定方法。同时,在选择测定方法时应注意测定结果要有客观的定量指标,避免凭测定人员主观判定。测定时不能导致被试者附加疲劳、分散注意力、造成心理负担或不愉快的情绪等。几种常用的疲劳测定的方法如下。

(1)膝腱反射机能测定法。通过测定由疲劳造成的反射机能钝化程度来判断疲劳的方法。不仅适于体力疲劳测定,也适于判断精神疲劳。让被试者坐在椅子上,用医用小硬橡胶锤,按照规定的冲击力敲击被试者膝部,测定时观察落锤(轴长15cm,重150g)落下使膝盖腱反射的最小落下角度(称为膝腱反射阈值)。当人体疲劳时,膝腱反射阈值(即落锤落下角度)增大,一般强度疲劳时,作业前后阈值差5°~10°;中度疲劳时10°~15°;重度疲劳时,可达15°~30°。

(2)触二点辨别阈值测定法。用两个短距离的针状物同时刺激作业者皮肤上两点,当刺激的两点接近某种距离时,被试者仅感到是一点,似乎只有一根针在刺激。这个敏感距离称为触二点辨别阈或两点阈。随着疲劳程度的增加,感觉机能钝化,皮肤的敏感距离也增大,根据两点阈限的变化可以判别疲劳程度。测定皮肤的敏感距离,常用一种叫作双脚规的触觉计,可以调节双脚间距,并从标识的刻度读出数据。身体的部位不同,两点阈值也不同。一般,测试的部位是右面颊上部,取水平方向。

(3)皮肤划痕消退时间测定法。用类似于粗圆笔尖的尖锐物在皮肤上划痕,即刻显现一道白色痕迹,测量痕迹慢慢消退的时间,疲劳程度越大,痕迹消退得越慢。

(4)皮肤电流反应测定法。测定时把电极任意安在人体皮肤的两处,以微弱电流通过皮肤,用电流计测定作业后皮肤电流的变化情况,可以判断人体的疲劳程度。人体疲劳时,皮肤电传导性增高,皮肤电流增加。

(5)心率值测定法。心率,即心脏每分钟跳动的次数。心率随人体的负担程度而变化,因此,可以根据心率变化来判测疲劳程度;采用遥控心率仪可以使测试与作业过程同步进行。正常的心率为安静时的心率。一般成年人平均心跳 60~70 次/mm(男)和 70~80 次/min(女),生理变动范围在 60~100 次/min 之间。吸气时心率加快,呼气时减慢,站立比静坐时快,坐时比卧时快。在作业过程中,一定的劳动量给予作业者机体的负荷和由精神紧张产生的负担都会增加心率。甚至有时体力负荷与精神负荷是同时发生的,因此心率可以作为疲劳研究的量化尺度,反映劳动负荷的大小及人体疲劳程度。可用以下 3 种指标判断疲劳程度:作业时的平均心率、作业刚结束时的心率、从作业结束时起到心率恢复为安静时止的恢复时间。

德国的马克斯·普朗克研究所提出,作业时,心率变化值最好在 30 次以内,增加率在 22%~27% 以下。

(6)色名呼出时间测定法。通过检查作业者识别颜色并能正确呼出色名的能力,来判断作业者疲劳程度。测试者准备几种颜色板,在其上随机排列 100 个红、黄、蓝、白、黑 5 种颜色,令被试者按顺序辨认并快速呼出色名,记录呼出全部色名所需要时间和错误率,以时间长短和错误率的多少来判断疲劳程度。

在这项测试中,辨别、反应时间的长短受神经系统支配,疲劳时精神和神经感觉处于抑制状态,感官对刺激不太敏感,于是反应时间长、错误次数多。

(7)勾销符号数目测定法。将 5 种符号共 200 个,随机排列,在规定的时间内只勾掉其中一种符号,要求正确无误。这是一个辨识、选择、判断的过程,敏锐快捷程度受制于体力、脑力状态。因此,从勾掉符号数目的多少可以判别疲劳程度。

(8)反应时间测定法。反应时间是指从呈现刺激到感知,直至作出反应动作的时间间隔。其长短受许多因素影响,如刺激信号的性质、被试者的机体状态等。因此,反应时间的变化,可反映被试者中枢系统机能的钝化和机体疲劳程度。当作业者疲劳时,大脑细胞的活动处于抑制状态,对刺激不十分敏感,反应时间就长。利用反应时间测定装置可测定简单反应时间和选择反应时间。

(9)闪光融合值测定法。闪光融合值是用以表示人的大脑意识水平的间接测定指标。人对低频的闪光有闪烁感,当闪光频率增加到一定程度时,人就不再感到闪烁,这种现象称为融合。开始产生融合时的频率称为融合值。反之,光源从融合状态降低闪光频率,使人感到光源开始闪烁,这种现象称为闪光。开始产生闪光时的频率称为闪光值。融合值与闪光值的平均值称为闪光融合值,亦称为临界闪光融合值(critical flicker fusion,CFF)。计量单位为 Hz,一般在 30~55Hz 之间。人的视觉系统的灵敏度,与人的大脑兴奋水平有关,疲劳后,兴奋水平降低,中枢系统机能钝化,视觉灵敏度降低。虽然 CFF 值因人因时而异,不可能作出一个统一的判断准则，但人在疲劳或困倦时，CFF 值下降，在紧张或不疲倦时则上升。一般采用闪光融合值的如下两项指标来表征疲劳程度。

$$日间变化率 = \frac{休息日后第一天作业后值}{休息日后第一天作业前值} \times 100\% - 100\%$$

$$周间变化率 = \frac{周末作业前值}{休息日后第一天作业前值} \times 100\% - 100\%$$

在正常作业条件下，CFF 值应符合表 4-2 所列标准。

表 4-2 临界闪光融合值评价标准

作业种类	日间变化率/%		周间变化率/%	
	理想值	允许值	理想值	允许值
体力劳动	−10	−20	−3	−13
脑体组合	−7	−13	−3	−13
脑力劳动	−5	−10	−3	−13

在较重的体力作业中，闪光融合值一天内最好降低 10% 左右。若降低率超过了 20%，就会发生显著疲劳。在较轻的体力作业或脑力作业中，一天内最好只降低 5% 左右。无论何种作业，周间降低率最好是 3% 左右。

五、疲劳与作业安全

疲劳与作业安全之间存在着密切的关系。疲劳会导致人的身体和心理机能下降，从而影响人的判断力和反应能力，增加事故发生的可能性。

首先，疲劳会影响人的注意力和集中力。当人疲劳时，注意力容易分散，难以保持高度的警觉性和集中性，从而容易忽略工作中的安全细节和潜在危险。这可能导致操作失误、判断错误或反应迟钝，进而引发事故。

其次，疲劳会影响人的反应能力和协调能力。在紧急情况下，反应能力和协调能力对避免事故至关重要。疲劳会降低这些能力，使人在面对突发状况时难以迅速作出正确的判断和行动。这可能导致无法及时采取安全措施或应对危险，增加事故的风险。

最后，疲劳还会导致身体疲劳和肌肉疲劳，使人容易感到疲倦和乏力，进一步降低身体和心理的耐受力。长时间从事高强度的工作或过度劳累可能导致身体疲劳和肌肉疲劳，使人难以维持正常的工作状态，增加事故发生的可能性。

为了保障作业安全，必须重视疲劳对安全的影响。首先，合理安排工作时间和休息时间，避免长时间连续工作导致过度疲劳。适当的休息和放松可以帮助恢复体力和精力，提高注意力和集中力。其次，加强安全教育和培训，提高员工的安全意识和技能水平。这有助于员工更好地应对工作中的安全问题，减少因疲劳导致的失误和事故。最后，建立完善的安全管理制度和操作规程，规范员工的作业行为。同时，定期进行安全检查和评估，及时发现和纠正存在的安全隐患。

第三节 时间因素

我们知道,自然界中的节律现象是普遍存在的,诸如太阳升落,月亮盈亏,四季交替,植物的生长、落叶,动物的出没等,都有一定的节律,而人的生命活动也存在着明显的节律。人体生理节律又叫生物钟,它从生命开始,随时间呈持续不断、周而复始的周期性变化,这种周期性变化就是生物节律。它与生命共存,并支配着生物体的行为。迄今为止,科学家已经发现人体生理节律有100多种,其中主要有年节律、月节律、日节律等。

一、工作能力的昼夜波动

研究表明,人的各器官系统不能在长时间内保持均匀的工作能力,工作能力具有周期性变化的特点。其周期有时为24h,或更长时间。人们发现,每个人的心跳快慢、体温、肌肉收缩力量及激素分泌等都有明显的昼夜节律,即随着白天和黑夜的交替,上述生理指标也发生变化。显然,这些变化会直接影响人的生理、心理机能。

瑞典某企业在研究事故的原因时,仔细观察了人的工作能力在24h内的变化,结果表明,人的工作能力的波动与实验证明的人体植物性生理节律是一致的,如图4-1所示。

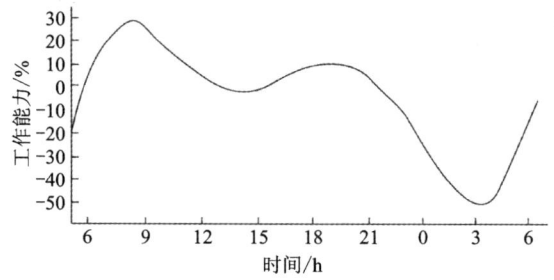

图4-1 人在24h内工作能力曲线图

曲线表明,在24h周期内,出现两个高峰(最高点在8时到9时,随后第二个高峰在19时左右)和两个低谷(第一个低谷在14时,而3时左右降到最低点)。总的情况是,人最高的工作能力出现在上午,而在夜间工作能力则急剧下降。许多研究表明,事故的发生与人的昼夜工作能力的波动曲线是相对应的。例如,火车驾驶员的错误刹车操作与驾驶员24h昼夜生理节律密切相关。显示屏(荧光屏)监测人员的信号侦察能力也具有昼夜节律性变化。医院一天中医疗错误的频次变化与医护人员轮班制的时间节奏十分一致。国内某煤气公司对10年中三班工人检查煤气表的差错率所做的统计表明,错误的发生率与人一天24h内人体机能的下降变化惊人地一致。这些事实表明,昼夜生理节律是事故的一个潜在原因。

二、事故发生频次的昼夜分布和一年中的月份分布

(1)根据对某煤矿厂企业历年发生的325起事故(主要是重伤、死亡和重大经济损失事故)的昼夜频次分布进行了统计,其结果见表4-3。

表 4-3　某矿区煤矿事故在 24h 内的频次分布

时间	6	7	8	9	10	11	12	13	14	15	16	17
事故数/起	14	8	15	23	16	14	12	14	20	6	13	15
时间	18	19	20	21	22	23	24	1	2	3	4	5
事故数/起	11	11	9	8	8	11	22	15	16	18	17	9

注：表中的时间数字表示以该数字为起点的 60min 的时间段，如"6"表示 6:00～7:00 的时间段。

从表中可以看出，在一日 24h 内，事故频次分布很不均匀，并大致呈现 3 个事故多发时间，即 9 时前后、14 时和 24 时。另外，事故在 3 时前后亦分布较多，国外有人曾把 3 时左右发生事故较多的现象称为"魔鬼的凌晨 3 点"。

(2) 事故在一年内各个月份的频次分布。

前面所述 325 起事故发生的月份记载见表 4-4。

表 4-4　某矿区煤矿事故在一年中各月份的频次分布

月份	1	2	3	4	5	6	7	8	9	10	11	12
事故数/起	27	23	25	17	51	32	29	31	18	35	13	24

从表 4-4 中的结果可以看到，不同月份之间事故发生的次数差异很大。全年中 5 月、10 月两个月份事故发生率最高；6 月、7 月、8 月 3 个月份持续在较高的水平上，事故发生率最低的月份为 4 月、9 月、11 月 3 个月，相当于 5 月、10 月两个月份的 1/4～1/2；其他 4 个月份则在中等水平。据统计，在一般工业行业中，一年中事故发生的规律是：6 月、7 月、8 月 3 个高温月份和 12 月、1 月两个受年底和春节影响的月份事故发生率较高，其他月份则相对较低。

需要注意的是，这些规律并不是绝对的，事故发生频次的昼夜分布和一年中的月份分布还会受到地区、行业、企业规模、管理水平等多种因素的影响。因此，在制订安全生产计划和管理措施时，应该根据具体情况进行综合考虑和分析，采取有效的措施来降低事故发生的可能性。

三、人的意识觉醒水平对安全的影响

1. 人的觉醒与睡眠节律

人的一生约有 1/3 的时间在睡眠中度过，可见睡眠对人类生命活动的重要性和必要性。人在觉醒状态下工作、学习和劳动之后所产生的脑力、体力的疲劳，必须经过充足的睡眠才能得以解除。许多研究认为，睡眠除了保证人体的生理功能的正常进行外，还与注意、学习和记忆等心理功能有关，如充足的睡眠对注意的稳定、集中，记忆的巩固等有良好的作用。同时，睡眠在保持健康的情绪和适应社会环境等方面也有一定的作用。

人类活动是"昼行性"的，世世代代习惯于"日出而作，日落而息"的生活规律，这种昼夜间觉醒与睡眠的交替在人类相当长的进化历程中已成为固定化的行为和生理模式,并已受人体"生物钟"的内在控制,而不是简单地与白天的光照和夜晚的黑暗相联系。有人曾自愿接受试验,在不知时日和昼夜变化的山洞里居住了一个多月,实验仪器记录他们在山洞里的体温、血压和脑电图等。分析结果表明,这些被测试者在山洞里居住期间,体内的节律仍保持在大约一昼夜的周期之内,照样呈现觉醒与睡眠的交替现象。人类这种觉醒和睡眠的交替是人脑活动的节律。这种节律与人体多种功能所呈现的规律一样,是以一个昼夜为周期的。然而,在人们的日常生活和工作中,各种外界(如倒班工作)和内在(如生理和精神的病理状态)的原因都可以在某种程度上引起人脑活动昼夜节律的破坏,即觉醒与睡眠关系的失调(简称睡眠失调)。而这种失调又会对人的生理和心理产生不利影响,并会增加人在劳动活动中的心理和行为的不稳定性。

2. 意识觉醒水平与作业可靠度

从心理学上讲,意识觉醒水平是指人脑清醒的程度,即进入一种清醒的或有知觉的新的状态。从文字含义讲,觉醒是一个并列结构的合成词,即"觉"和"醒"同义,本义都是睡醒,从睡梦中醒来的意思,后来进一步引申为醒悟、觉悟。

在对意识觉醒水平的研究中,有人提出了意识层次理论和模型对比进行说明,即中枢系统能否意识集中而注意于当前的活动,以有效而安全地进行其工作,依赖于意识水平层次的高低。睡觉时意识丧失,一切行为失去了可靠性;觉醒时,意识水平提高,中枢处理能力增强。

意识层次理论将大脑意识水平分为 5 个层次,并根据研究给出了其相应的可靠度水平(最大值为 1),见表 4-5。

表 4-5 意识水平与作业可靠度

层次等级	意识水平	对注意的作用	生理状态	可靠度
0	无意识,神智昏迷	零	睡眠、癫痫发作	0
Ⅰ	正常以下,恍惚	不起作用,迟钝	疲劳、单调、打瞌睡、醉酒	<0.9
Ⅱ	正常,放松	被动的,内向的	平静起居、休息,常规作业	0.99~0.999 99
Ⅲ	正常,明快	主动积极的,注意范围广,注意集中于一点	积极活动时的状态	>0.999 99
Ⅳ	超常,极度兴奋、激动	判断停止	紧急防卫时的反应,紧张以致惊慌	<0.9

意识层次理论认为人的内在状态可以用意识水平或大脑觉醒水平来衡量。人处于不同觉醒水平时,其行为的可靠性是有很大差别的。

处于 0 级状态如睡眠状态时,大脑的觉醒水平极低,不能进行任何作业活动,一切行为都失去了可靠性。

处于第Ⅰ层次状态时,大脑活动水平低下,反应迟钝,易于发生人为失误或差错。

处于第Ⅱ、Ⅲ层次状态时,均属于正常状态。层次Ⅱ是意识的松弛阶段,大脑大部分时间处于这一状态,是人进行一般作业时大脑的觉醒状态,并应以此状态为准,设计仪表、信息显示装置等;层次Ⅲ是意识的清醒阶段,在此状态下,大脑处理信息的能力、准确决策能力、创造能力都很强,此时,人的可靠性比层次Ⅰ时高10万倍,几乎不发生差错,因此,重要的决策应在此状态下进行,但该状态不能持续很长的时间。

处于第Ⅳ层次状态时,为超常状态,如工厂大型设备出现故障时,操作人员的意识水平处于异常兴奋、紧张状态,人的可靠性明显降低。因此,应预先设计紧急状态时的对策,并尽可能在重要设备上设置自动处理装置。

3. 倒班工作对睡眠及生理、心理的影响

日班与夜班的轮班工作被认为是引起睡眠紊乱的主要因素。轮班工人睡眠紊乱的发生率为10%~90%(通常在50%以上),而日班工人只有5%~20%。煤矿工人实行轮班工作制,据研究,其失眠发生率在33.6%。轮班工作制引起的睡眠失调主要归因于生理节律的破坏。另外,睡眠紊乱还与员工的劳作周期和社会活动习惯有联系。例如,随着现代工业的发展,从事倒班工作和夜间服务的人将越来越多。倒班的方式多种多样,有昼夜三班制、昼夜两班制,还有少数昼夜四班制(所谓四六制)等。有的白班或夜班一周轮换一次,有的连续工作24h后休息几天等。但无论哪种方式的倒班,都会与正常的睡眠发生冲突,这种觉醒和睡眠正常节律的破坏,对安全生产和职工的身心健康都有不同程度的影响。大量研究表明,倒班工作与某些官能性疾病有关系。其中,主要的官能性疾病是肠胃病、睡眠失调和神经系统功能紊乱,有时可能产生轻度的头痛、神经过敏、手颤、注意力集中困难等。这些都会对安全生产造成不利影响。

轮班制度对职工身心健康造成的影响主要有以下几个方面。

(1)生物钟紊乱。现时正在很多企业内实行的轮班制度,改变了职工的睡眠习惯。而人体的生物钟和睡眠—觉醒节律是有其规律的,可的松荷尔蒙的释放也与睡眠有关。当人们改变睡眠习惯时,由于睡—醒周期和人体生物钟节奏的紊乱,以及可的松荷尔蒙释放的混乱,白天想睡时睡不着,而夜晚上班后又昏昏欲睡,严重影响职工的安全与健康,这种情况需要几天的适应期,才能在人体生物钟的调整下校正过来。如果换班节奏太快,职工始终倒来倒去,人体没有足够的时间将颠倒的生物钟调整过来,会造成生理紊乱。

(2)低点反应。据了解,轮班制度中,部分职工白天没有睡觉的习惯,夜晚上班后,则带着白天积蓄的疲劳来到岗位,工作提不起精神,效率也不高。特别是到了夜里两三点钟的时候,由于人体生物钟和睡眠—觉醒节律的作用,职工便无法自制地进入睡眠需求状态,思维更处于游离阶段,容易陷入"边缘动作"状态,也就是说人一边迷迷糊糊,一边进行操作,这时人的思维能力、反应能力、判断能力都进入一天中的最低点。这种现象称为低点反应。

(3)睡岗行为。有些职工在夜班下班后,仍然不注意补充睡眠,到了夜间,由于疲劳加上生物钟和睡眠—觉醒节律的共同作用,不可抗拒地进入睡眠需求状态。熬到实在撑不住了,就溜到什么隐蔽的地方眯一下,更有甚者,找个地方躺倒就睡。殊不知这些隐蔽的地方,大都属于危险的区域,而且出了事故还不易被发现,是极其危险的。值得指出的是,在工间休息时,少数职工有坐在凳子上、靠在椅背上或趴在桌子上打盹的习惯。当同事喊其上岗时,职工从沉睡中猛然醒来后,多数人会感到头晕、视物模糊、脚发软、发麻。这是因为当趴、坐睡觉时人的副交感神经兴奋,心率减慢,心脏血输出量减少,流经身体各脏器及组织的血流速度相对缓慢,流经大脑的血流量更为减少,加上头高脚低的体位,引起大脑暂时性贫血,大脑因缺氧而导致功能性的障碍。这种情况,一般需要15min左右才能逐渐恢复。这时如果上岗操作,极易酿成事故。

(4)轮流上岗现象。少数夜班职工,在班中为了"挤"出睡觉时间,私下里产生轮流上岗行为。就是岗位职工在一段较长的时间里,轮流上岗,轮流睡觉。少数班组长因怕得罪人,也睁一只眼闭一只眼,造成这种现象有逐渐泛滥的趋势,如不严加管理,将会给安全生产带来严重后果。我们设想一下,当岗位上只有一名职工时,因为在岗人员本身的反应能力与自我保护能力都处于一天中的最低点,一旦遇到危险,将无法适时采取紧急措施来进行自救,也无法靠别人来及时互救,容易使事态进一步扩大。另外,更为严重的是学徒工的单独顶岗问题。由于学徒工经验不足,安全技能低,在突发事件面前,会手足无措,处置不当。班内其余人员若因为他已能独自顶岗操作,而对他放弃安全监管,极有可能引发事故。

4. 应对夜班工作的措施

人体是一部灵敏的机器,也是一部不可靠的机器。夜班岗位职工应随时掌握自己的身体机能状况,保证充足的睡眠,使自己能胜任工作,安全完成任务。企业管理者也应充分考虑人体机能的周期性变化,合理安排作息制度,保证企业的每一个职工在各自的工作时间内,人体机能都能处于最佳状态,从而提高职工的工作能力与自我保护能力,出色地完成生产和工作任务。这对于促进企业安全与生产目标的顺利完成,不失为一个行之有效的方法。

应对夜班工作的措施主要有以下几点。

(1)夜班岗位的运用。根据概日节律,人体机能的最低点出现在夜间,此时的人体在生物钟与睡眠—觉醒节律的作用下进入休眠状态,警觉性很差,是最不适宜工作的时间。而企业因为有其连续性作业的特点,生产活动不能停下来。因此,我们必须将人体的身体机能,调整到有利于生产、有利于安全的方面来。实践证明,概日节律、睡眠—觉醒节律和人体生物钟节奏的共同作用,决定了人体机能的高峰和低谷出现的时间。我们应根据概日节律的原理,充分利用人体生物钟的适应性来调整睡眠—觉醒节律,在人体机能的高峰和低谷出现的时间上进行调整,更加合理地安排轮班制。也就是说,可以适当地延长轮班时间,在较长一段时间内保持人的固定睡眠习惯,保证人体有足够的时间来进行调整。这时人体生物钟的昼—夜节奏和睡眠—觉醒节律就会开始适应,有一个新的周期规律。各班次职工人体机能的高峰和低谷,在时间上的出现就会重新分布,形成各自不同的周期。如果每个班次的职工在各自的工作时间内,人体机能都处于高峰区域,这样会显著提高职工的工作效率,减少违章行为,从而减少事故的发生。特别是在一些关键岗位、重点岗位,尤其是"三危"岗位(即危险源、危险区域、危险作业岗位)上的运用,更具有实际意义。

(2)职工特点的运用。在实际工作中,我们常见到这样一种现象,有些职工白天精力充沛,工作效率高,到了夜晚就熬不住,属于典型的"白日型"身体;而另外一些职工白天整天昏昏沉沉,工作效率低下,到了夜间,却精力旺盛,被人戏称为"夜猫子"。这是由每个人的生活习惯不同所致,两种类型职工的生物钟节奏和睡眠—觉醒周期因此也不同。可以根据各自的特点,将他们安排在不同的岗位、不同的班次。如将"夜猫子"类型职工安排在夜间需要高度集中精力工作的岗位,发挥他们的特长;将"白日型"职工安排在白天工作,避开他们的短处,就是所谓的"扬长避短",变被动为主动,以适应安全生产的需要。

(3) 调整方法的运用。睡眠—觉醒节律和人体生物钟节奏是以 24h 为周期变化的,有其规律性、适应性,这是在人体脑部松果体的作用下形成的,其中光照是决定性因素。科学实验结果表明,职工在夜间工作时,灯光要明亮充足。而下班以后的白天,夜班职工应生活在一个人工布置的全黑环境中,利用光照的变化,形成新的昼夜差,这样就能够在夜晚保持清醒的头脑、旺盛的精力。这样只需不到两天的时间,就能利用人体生物钟的适应性、规律性将颠倒的生物钟调过来,改变旧有的睡眠—觉醒周期,形成新的规律,从而保证夜班职工能以最佳的人体机能,集中精力提高工作效率、搞好安全生产。

尽管倒班工作对人体是不利的,但目前又不可能废除。所以,企业应尽量做到倒班合理化,把不利影响降到最小的程度。有人经过研究提出以下几点建议:一是慢倒班,每周最快倒一次班;二是顺时倒班,上过早班之后适宜换中班,而不宜换夜班;三是两班之间最好有一段时间休息,不宜接连下去;四是改变就餐时间。早班就餐时间可安排为 7 时、12 时、18 时,中班就餐时间为 15 时、20 时和 2 时,夜班就餐时间为 23 时、4 时和 10 时。

第四节　社会心理因素

一、概述

安全生产需要劳动者在稳定的情绪、平静的心境下集中精力地工作。可是,人每天都生活在复杂的社会环境之中,不断与外界社会进行相互作用,几乎时刻都在与他人进行着各种形式的交往或联系。其间,社会人际关系不良、家庭冲突或各种生活事件等问题会经常发生。因此,对个体来说也就时常会产生各种复杂的心理冲突、挫折和沮丧或令人兴奋之事。在劳动过程中,对于不少人来说,很难把这些心理矛盾和各种杂念全部排除在工作之外,以致造成分心或反应迟钝等情况,从而使作业失误增加、不安全行为增多,甚至导致事故的发生。

企业、车间、班组不是存在于真空中,而是社会的一个组成部分,社会中的各种情绪、习惯、意识、心态等,必然会反映到生产作业中来。其中比较常见的社会不良心理,会对员工造成不好的影响。常见的社会不良心理主要有以下几种。

1. 人的自私心理

自私是一种非常普遍的社会现象,在社会上有种种表现,也有程度上的区别。人们常说的自私自利、损人利己、损公肥私属于自私;有私心杂念、计较个人得失、不讲社会公德,也属于自私的范畴。

自私是一种近似于本能的欲望,具有一定的下意识性,它的存在与表现常常不为个人所意识到。有自私行为的人并不一定意识到自己在做一件自私的事;相反,往往会对此心安理得。即便对自己的行为心知肚明,也常常会找种种借口加以掩盖,隐藏内心深处的自私本性。自私心理作为一种社会不良心理,具有很强的渗透性,危害非常严重。当然,生活在当前的商品经济社会,每个人都会有不同程度的私心杂念,这是人之常情。但自私心理如果超过界限,如不讲社会公德、损人利己、嫉妒成性、以自我为中心、目中无人、容不得他人,以权谋私、以钱谋私、做权钱交易等,就成为不良心理。

2. 人的贪婪心理

贪婪是对某种事物过分的喜爱和追求,是一种极其病态的心理。对美好事物的追求和向往,是人之常情,也是一种正常的心理。但贪婪心理和正常心理相比,具有不可满足性,甚至是越满足,胃口越大,越有越想有,越多越想多,所谓欲壑难填。贪婪的欲望是无止境的,表现在各个方面。对金钱、权力、女色、美食、虚名的过度追逐,都是贪婪心理在作怪。在一定程度上可以说,贪得无厌,永无止境。

具有贪婪心理的人大都会利欲熏心,丧失理智,不顾社会道德、法律、法规的约束和舆论的谴责,疯狂攫取,纵死不惜。意志薄弱也是贪婪者的共性。他们在权力欲、色欲、财欲等诱惑下往往不能够控制自己的行为,把道德、法律、良心、后果置之度外。贪婪心理的表现多种多样,但不择手段的财欲,难以满足的贪欲、权力欲,欺世盗名的名利欲,色胆包天的色欲等为其共性特征。贪婪不是一种遗传疾病,现代医学也没有找到先天的遗传证据。可以断言,贪婪是在后天成长过程中受病态的社会文化影响,逐渐形成的不正常心理。

3. 人的吝啬心理

吝啬俗称"小气""一毛不拔"。民间有"瓷公鸡,铁仙鹤,玻璃耗子琉璃猫"的说法。

吝啬与吝惜是不同的。吝惜是对所有的财物都非常珍惜,不随便浪费,不大手大脚。而吝啬具有强烈的自私性,非常计较个人的得失,遇事总怕自己吃亏,可以"慷国家集体之慨",对个人的私利却丝毫不让步,永不满足。

吝啬心理的特点是具有一定的冷漠性。他们非常看重自己的财物,为了既得利益可以六亲不认,对别人的困难、痛苦,对待公益事业毫无怜悯关爱之心。从心理上看,吝啬者具有心理封闭性,他们很少参加社会活动,不关心周围事物,不愿意帮助别人,很少有知心朋友,因此显得非常封闭。吝啬的危害可大可小,小到能够仅仅局限在自己家中,人人自危,互相不信任,亲情友情冷漠;大则可以危害他人及整个社会,对整个社会的价值观念的导向产生不利影响。人人为己,互相防卫,斤斤计较,缺乏社会责任感。

4. 人的嫉妒心理

嫉妒是指人们为竞争一定的权益,对相应的幸运者或潜在的幸运者怀有的一种冷漠、贬低、排斥甚至是敌视的心理状态,俗称"红眼病"。嫉妒以对别人的优势心怀不满为特征,导致心情不愉快,自己心中惭愧、怨恨、恼怒甚至带有破坏性的情感。嫉妒常发生于青少年中,在社会竞争积累及生活、地位日益悬殊的人群中最容易发生,近年来有扩大化的趋势。

嫉妒的主要内容表现在对别人地位、金钱、财富、相貌、工作等一切的憎恨。初期大多深藏心底,不为别人所察觉,进一步发展则表现为嫉妒的完全释放,直接交锋,出现挑剔、挑衅、造谣甚至陷害。强烈的嫉妒则会引发理智的丧失,出现向对方攻击,希望置人于死地而后快。然而,嫉贤妒能者鲜有好的结果。

5. 人的浮躁心理

浮躁心理是指做任何事情都没有恒心,见异思迁,喜欢投机取巧,急功近利,强调短、平、快,主张立竿见影,平时无所事事,发脾气,不能安稳工作。

在社会快速发展变化的情况下,有些人面对这种社会发展变化显得无所适从,害怕竞争,又不肯脚踏实地地投入工作,期望一战成功,一举成名,又对自己的前途没有信心。这类人在情绪上表现出一种急功近利的急躁心态,在与他人自觉、不自觉地攀比、暗中较劲过程中,表现出焦虑心态。由于焦虑不安,往往会情绪代替理智,使行动具有盲目性,行动过程中缺乏周密的计划、仔细的论证、慎重的思考。浮躁之人最容易见利忘义,出现违法乱纪现象。

6. 人的虚荣心理

心理学认为,虚荣心是自尊心的过分表现,是为了取得荣誉、引起普遍注意而表现出来的一种不正常的心理现象。虚荣心具有一定的普遍性,是一种常见的心态,人人都有自尊心,当自尊心受到损害、受到威胁,或者过分强调自尊心时,就可能引发虚荣心。一定程度上,虚荣心就是歪曲了的自尊心。

虚荣心强的人往往是华而不实之人,这种人在物质上讲排场、搞攀比,事业上没有踏实作风。虚荣是社会道德的绊脚石,会衍生出自私、虚伪、欺骗等不良行为。人一旦拥有虚荣心,就会不择手段地加以满足维护,最终有可能违法乱纪乃至犯罪。对个人而言,虚荣心强的人心理负担过于沉重,需求过多过高,自身条件和现实生活的现状有时不能让他们得到满足。怨天尤人、愤怒压抑等负面情感会随之而生,最终有可能导致情感的畸变和人格的变态,对人的心理、生理的正常发育,都会造成极大的危害。

7. 人的空虚心理

空虚心理是指一个人的精神世界一片空白,没有信仰、没有理想、没有追求、没有寄托,整日百无聊赖,沉溺于牌桌、舞厅、酒吧,整天醉生梦死,如同行尸走肉。空虚实际上也是一种社会病,当社会变革、多元化出现,人们心理失去平衡时,一些意志薄弱的人变得无所适从,心理承受能力下降到最低点,个人价值被抹杀,产生这种病态心理。空虚无聊的人在生活上总是懒散的,他们常处于被动观望、希望外援的状态中,自知痛苦,但又不能自拔。无聊感又可派生出无助感,总觉得自己孤立无援,内心的苦闷在积累、在发展,急需找人倾诉、求助,但搜尽枯肠、翻遍电话号码,却又找不到一个适合的倾诉对象。无助感像幽灵袭来,甚至可导致深夜的暗自哭泣。

8. 人的自闭心理

自闭心理是一种对社会、对周围环境完全不适应的病态心理现象。其症状特点是不愿意与人沟通、害怕与人交流、讨厌与人交谈，逃避社会，远离生活，精神压抑，对周围环境敏感，回避社交。由于他们自我封闭，与世隔绝，没有朋友，常常忍受着难以名状的孤独寂寞。有专家认为，社交恐惧症者、自责心理严重的人、喜欢消极暗示性的人，大多数或多或少存在自闭心理。

自闭原因比较复杂，有的因个性与神经系统的缺陷与弱点所致，有的因受到意外的不良刺激而心理上难以承受并在行为上表现，有的因长期挫折与失败导致精神失常等。

9. 人的孤独心理

许多人性格孤僻，害怕和人交往，有时会莫名其妙地封闭自己、顾影自怜、孤芳自赏、无病呻吟、逃避社会、畏惧生活，心理学上把这种心理称为孤独心理。由孤独心理产生的与世隔绝、孤单寂寞的情感体验，就叫作孤独感。

孤独感的"症状"是寂寞，没有朋友，更没有知心的朋友；没有兴趣爱好，喜欢自己胜过喜欢他人，有些"自恋"的味道；对自己信心不足，或担心不会被别人接受，多以家为世界，只有待在家里才心安理得，离开了家就浑身不舒服，坐卧不安，整日与计算机、电视为伴，不懂得也不知道如何填补自己的心灵空虚。孤独感在性格内向的青少年中最为多见。主要是由于独立意识的增长、自我意识的发展，生理、心理从不成熟走向成熟，伴随着逻辑思维能力的加强，社会接触范围的扩大，希望自己得到应有的重视和保护，于是在自己的心中构建起一座围墙，把自己封闭起来。独立意识是一种向外的力量，自我意识是一种向内的力量，当它们与青少年生理、心理发展的不平衡相互作用时，就会导致孤独感的出现。

10. 人的怀旧心理

怀旧是一种正常的心理现象，对往事的回忆、对亲朋好友的回忆实际上是一种美德。但是，如果怀旧心理过度发展，成为一种病态，就是一种不良心态。病态怀旧是一种不好的怀旧方式，主要表现为强调今不如昔，思想复古，虽然生活在今天，但是兴趣爱好却停留在昨天，思想行为与当今社会格格不入，这种怀旧实际上是一种病态的怀旧心理现象。

病态怀旧心理是个体现象，经常随着个人的生活经历、身体状况、人格特征而转移，常常发生在一定数量的社会成员中。其主要表现为思想行为不合时宜，对当今社会抱有偏见，不满意现状，又无能为力，只有采取回避的态度，所谓"眼不见，心不烦"，最终导致自闭与忧郁。病态怀旧存在于各个人群的各个年龄段，但表现形式有所不同。儿童的病态怀旧，表现为人格的滞留和对母爱的依恋；中老年人的怀旧主要是回避现实，对社会存在偏见，不合时宜。从病态怀旧的社会原因来看，主要是社会发生巨大变化，原有的生活环境、思维模式未能随之改变而出现失落感，导致主观上的一种对现实生活的回避遁逃，表现为对过去事物的过分依恋、对往昔的过分沉溺等。

二、人际关系

人际关系是人们在生产或生活中所建立起来的一种社会关系,人际关系通常包括亲属关系、朋友关系、学友(同学)关系、师生关系、雇佣关系、战友关系、同事关系及领导与被领导关系等。人是社会动物,每个个体均有其独特的思想、背景、态度、个性、行为模式及价值观,然而人际关系对每个人的情绪、生活、工作有很大的影响。良好的人际关系有利于学习、工作和生活,而不好的人际关系则会对学习、工作和生活造成不利影响。对于员工来说,很难把不好的人际关系的影响排除在工作之外,以致造成分心或反应迟钝等情况,从而使作业失误增加、不安全行为增多,甚至导致事故的发生。

1. 人际关系的概念

人际关系属于社会关系的范畴,是人们在相互交往中发生、发展和建立起来的心理上的关系。人际关系贯穿于社会生活的各个方面,是社会与个人直接联系的媒介,是人们进行社会交往的基础,是人们参加生产劳动、学习和日常生活及各种社会活动所不可缺少的。不同的人际关系会引起不同的情绪体验。良好的人际关系会使人感到心情舒畅、工作积极性提高;相反,如果人与人之间发生了矛盾和冲突,一时又没有妥善解决,双方就会产生冷淡、敌视、忧虑或苦闷等心理状态。这除了会影响个人的身心健康之外,还会导致人在劳动活动中心理和行为的不稳定,对于安全来说是一个极为不利的因素。国内外许多研究证明,在不良的人际关系环境中工作,发生事故的概率比正常条件下要大,特别是上下级关系紧张的地方,更容易发生事故。

2. 劳动群体中的人际冲突

人际冲突是指两个群体之间或个人之间在行为上的对立和争执等。人际冲突的原因主要有以下几个方面。

(1)由认知原因产生的冲突。是指人们由于认识、经验、观点及态度的不同,对同一事物产生不同的认识而造成的冲突。

(2)目标对立。是指人们的活动目标对立。在企业劳动组织中,每一个员工参加生产作业的目标都应该是:遵守企业规章制度,创造更多的符合社会需要的产品,同时提高自己的生活水平。但有时候,部门与部门、个人与组织、个人与个人之间的目标可能出现对立的状况,因此也容易导致冲突。

(3)需要对象的异同。每个员工都经常会有各种各样的需要,他的需要对象可能与别人相同,也可能与别人不同。如果双方需要相同,而可供对象又不能同时满足双方的需要时,由于一方的获得势必造成另一方的失去,就可能导致冲突,如在晋升职称、增加工资、分配奖金,以及生活习惯形成的需要等方面都可能产生这类冲突。

(4)攀比心理。在劳动任务的分配、报酬的支付,以及奖金等方面都可能产生攀比心理,进而发生冲突。

(5)嫉妒心理。嫉妒是一种常见的病态心理,是发现自己的才能、名誉、地位或境遇等方面不如他人时产生的羞愧、愤怒、怨恨等心理现象。嫉妒心理较多发生于个人情况(包括能力、地位等)差别不大的人之间,这种心理的危害性在于对他人实施攻击、诋毁等行为,从而引发人际冲突。

(6)小矛盾或潜在的不和未能及时疏通和解决,缺乏沟通而使误会不能消除等原因,也会导致冲突的发生。

(7)管理上机构职责分工不明,有事无人负责,出了问题互相推诿、扯皮,也容易造成群体或个人之间的冲突。

(8)分配不当。这是一个很普遍的问题,如在生产或工作任务分配、报酬分配、物质奖励、精神奖励等方面不公时,都可能引发冲突。

3. 正确解决和处理冲突

人与人之间发生冲突的原因有很多,其中生活背景、教育、年龄、文化等方面的差异导致对价值观、知识及沟通等方面的影响,因而增加了彼此间矛盾和冲突的情况最为多见。

在生产作业中发生人际冲突,为正确解决和处理冲突,建议做好以下工作。

(1)正确认识冲突。有时冲突并非全是坏事,也有其有利的一面。例如,在处理生产中的技术与安全问题或某项建设性意见上,由于观点不一致造成争论冲突,经过协商或讨论,有利于分清是非、正确决策,这种冲突只要不发展成个人攻击,就应该让它存在并正确引导;相反,如果一味压制冲突,只求表面上的协调和平静,反倒会导致更深的隐蔽性的冲突,这样对工作、生产更为不利,会造成互相不合作,对他人或对其他群体不负责任,暗中拆台等。

(2)加强思想政治工作,提高人们的思想觉悟,建立协调和睦的人际关系。和睦的人际关系特征是平等、互相尊重、团结友爱和相互帮助。共同的利益、事业、理想、信念和道德观等是这种人际关系的基础。

(3)管理上的充分民主化和合理化。管理者应以公平合理的原则处理一切问题。如管理人员应充分发扬民主,不搞家长作风,虚心听取下级和广大群众的意见,做到上下沟通融洽,建立良好的上下级关系,在用人、分配及劳动管理上要公平合理。

(4)解决矛盾、缓和矛盾。首先应分清矛盾冲突的性质,然后分别采用不同的方法进行解决。对于涉及法律的性质严重的矛盾冲突,应运用法律手段请司法部门解决;属于道德范围的要采用惩罚与教育相结合的方法解决;属于一般性的争论,要分清是非,达成一致意见,或采用缓和、调解的方法达成相互妥协;对于生活小事引起的矛盾应劝导其互相忍让谅解。

三、家庭关系与安全

1. 家庭关系与安全生产

家庭关系即家庭中的人际关系,是指家庭成员之间的相互关系,主要包括姻亲关系(夫妻、婆媳、姑嫂、叔婶、妯娌等)、血亲关系(父母子女、兄弟姐妹等)。对于大多数员工来说,家庭关系都是特别重要的,家庭关系出现矛盾,很容易影响工作。在家庭关系中,夫妻关系是最为主要的关系,是维系家庭的第一纽带。其次是父母和子女的关系,是维系家庭的第二纽带。

家庭关系是人们日常生活中最重要的人际关系。几乎每个人一生都在一定的家庭中生活,人们每天除工作、学习外,大部分时间都在家庭中度过。因此,家庭中的人际关系好坏,对一个人的影响极大。

家庭关系更为重要的是,家庭还是人们调节情绪和消除疲劳的场所。如果家庭关系和睦,员工经历一天的繁忙工作,回到家里就能得到休息和调养,以恢复体力和精力,有利于第二天的工作。有时在工作单位里遇到不顺心的事情而心情烦闷,在家里向爱人或父母诉说,会得到安慰和劝解,情绪上就会平静下来。但如果家庭关系不好,整天闹矛盾,不但起不到缓解作用,反而会使烦恼加深,以致员工在工作中亦表现为情绪消极,不能集中注意力于手头的工作,易发生事故。在实际工作中,由家庭矛盾造成情绪郁闷而导致发生人身伤亡事故的案例比较常见。

2. 产生家庭矛盾的原因与解决方法

家庭矛盾具有普遍性,几乎每个家庭都存在这样或者那样的矛盾。一般来说,家庭矛盾常常由这样一些原因引起:性格不合,缺乏共同的人生观,为人处世方面的差异;自私、埋怨、缺乏理解和互相不尊重;子女教育及就业问题;家务分工、经济开支问题;令对方厌恶的习惯、嗜好等。对于每个家庭来说,家庭矛盾几乎都是不可避免的,家庭关系是否能够经常维持良好的状态,关键是能否较好地处理和解决矛盾。通常,家庭矛盾的解决可以遵循以下方法或原则。

(1)家庭矛盾的解决要遵循互谅互让的原则,各自主动指出自己的缺点、不足或错误之处。即使自己有理,也要让人三分,所谓"退一步海阔天空",这样做,问题就会比较容易解决。

(2)互相体谅对方的难处,多做一些有益于对方的事;注意发现对方的长处、优点或正确之处,不要相互抱怨、指责,从而使矛盾越积越深,要求得理解和尊重,共同促成矛盾的缓和解决。

(3)凡事不要算旧账,要就事论事,不要攻击对方的弱点和易受伤害处,更不要互相辱骂。

(4)对夫妻来说,如果有很大的矛盾,确实经过长期内部努力和外部帮助均不能协调解决的,最后可以采取好合好散的离婚方式解决问题;若勉强维持下去,会造成双方长期的身心折磨和无穷烦恼,对工作也会极为不利。

四、生活事件与安全

1. 生活事件对人的影响

生活事件是指人们在日常生活中遇到的各种各样的社会生活的变动,如结婚、升学、亲人亡故等。同时,生活事件还是一个心理学名词,是指个人生活中发生的引起人的情绪波动并需要一定心理适应的事件,包括正面事件和负面事件。

在工作和生活中,有许许多多的事件会使人们的情绪发生较大的波动,如亲友亡故、夫妻分离、工作变化等。这些事件无疑会对人的工作生活产生不利影响。当然还应指出,由于各种生活事件的性质和严重程度不同,其对人的影响程度也不一样。

生活事件的实质是人与人之间关系的一种表现。人从一生下来,就同他人发生各种关系,首先是和父母打交道,其次是和兄弟姐妹及家庭其他成员打交道,在情绪、情感、语言、信息的沟通与交流中逐渐形成一定的关系。进入幼儿园,则要和其他小朋友、教师交往。上学以后,与同学、教师之间也会形成同学、师生关系。在工作中,则有同事关系、与工作单位领导的关系。如果担任一定的领导职务,还有上下级关系。参加某一团体,则有与其他团体成员之间的关系。此外,在家庭居住地周围,还有与邻里之间的关系等。人和人之间的关系是人在生活、工作、劳动活动中的基本关系,也是一个人所处社会环境的重要内容之一。人际关系如何,是融洽、和谐,还是关系紧张,不仅影响一个人的身心健康和生活质量,而且还会直接或间接影响工作效率和生产安全。

研究表明,有75%以上的癌症患者,在患癌症的前两年,都遭遇过亲人或好友死亡的不幸。有人观察了515例精神分裂症患者,发现224例(43.5%)有被生活事件刺激的经历。不同的生活事件关系,其后果的严重程度是不一样的,有的较高,有的较低。

2. 生活事件转化为应激水平的测量

人在复杂的社会环境中生存,所遇到的各种社会生活事件对人的心理状态都会产生一定影响,并不是任何生活事件所引起的心理紧张都会导致疾病,而必须是生活事件刺激所引起的心理反应积累到一定程度,超过了个体自我调节能力才会导致疾病。1967年,美国心理学家霍尔姆斯等通过大量研究,设计出一种生活事件转化为应激水平的量表,称为"社会生活再适应评定量表(SRRS)"。量表中列举了43件引起某些生活变化的事件,并依其影响大小给予不同分值,用生活改变单位(LCU)的数值表示。如家庭密切成员死亡,尤其是配偶死亡影响最大,需要最大的再适应,因此定为100LCU,其他事件给予0~100LCU之间的分值。他们指出,一个人如果在一年内生活变化单位(LCU)超过200单位,则发生身心疾病的可能性增高,如果超过300单位,第二年发病的概率达70%。

霍尔姆斯等的量表是根据美国社会和美国人的生活、道德、伦理和价值观念制定的,与我国国情有一定的差距。因此,有必要根据我国国情、文化背景和社会生活情况制定我国自己的量表。1985年,张明园等参照霍尔姆斯的评定量表及调查方法,在全国10个省市进行调查,编制了中国正常人生活事件评定量表(表4-6),表中列出了65件中国人在日常生活中最为可能遭遇的生活事件及其LCU值。

表4-6 中国正常人生活事件评定量表

序号	生活事件	LCU	序号	生活事件	LCU
1	配偶死亡	110	34	免去职务	37
2	子女死亡	102	35	家属行政处分	36
3	父母死亡	96	36	名誉损失	36
4	离婚	65	37	中额借贷	36
5	父母离婚	62	38	财产损失	36
6	夫妻分居	65	39	退学	35

续表 4-6

序号	生活事件	LCU	序号	生活事件	LCU
7	子女出生	58	40	法律纠纷	34
8	下岗	57	41	好友亡故	34
9	刑事处分	57	42	收入显著增减	34
10	亲属死亡	53	43	遗失贵重物品	33
11	家属受伤或疾病	52	44	夫妻严重争执	32
12	政治性冲击	51	45	留级	32
13	结婚	50	46	领养子女	31
14	子女行为不端	50	47	搬家	31
15	家属刑事处分	50	48	工作量显著增加	30
16	失恋	48	49	好友决裂	30
17	婚外性行为	48	50	少量借贷	27
18	大量借贷	48	51	工作变动	26
19	突出成绩荣誉	47	52	退休	26
20	恢复政治名誉	45	53	流产	25
21	重病外伤	43	54	家庭成员纠纷	25
22	严重差错事故	42	55	学习困难	25
23	开始恋爱	41	56	入学或就业	24
24	复婚	40	57	和上级发生冲突	24
25	子女学习困难	40	58	参军复员	23
26	子女就业	40	59	业余培训	20
27	行政纪律处分	40	60	受惊	20
28	怀孕	39	61	家庭成员外迁	19
29	升学就业受挫	39	62	同事不睦	18
30	晋升	39	63	邻里纠纷	18
31	入党入团	39	64	睡眠重大改变	17
32	子女结婚	38	65	暂去外地	16
33	性生活障碍	37			

随着我国改革开放并与世界接轨,社会生活及人们的价值取向在不断改变,量表所列举的生活事件及生活事件刺激量的计算方法,都需要根据现实生活情况,在调查、研究和实践中不断补充和修改。

3. 需要引起注意的应激强度指标

心理学家认为,单位时间内生活改变单位的累计值可以作为度量人的应激强度的指标,得分越高,表明要求人重新调节的程度越大,人的应激水平越高。当生活改变单位的累计值超过一定限度时,强烈的情绪应激足以损害一个人的身心健康和适应环境的能力,使他得病或卷入一场事故中。

有学者通过研究指出,当某人在过去 18 个月的生活改变单位累计值达 150 时,即表明他很有可能患病或发生事故。因此,从安全的角度来说,对在过去一年半中 LCU 累计值达 150 的人应加以密切注意。

研究还表明,生活事件与心理障碍也有关系。如生活事件越多,发生的精神障碍(如抑郁症状、睡眠失调等)越多,发生心理病理行为的可能性也越大,甚至可能导致精神分裂症。另外,生活事件与人的某些躯体疾病(如溃疡病、原发性高血压等)的发生也有密切关系。某研究者在 1970 年对美国 410 名离婚的司机做过一次调查统计,发现他们在离婚前 6 个月和后 6 个月这一期间,事故率和违章驾驶次数要比普通司机高得多,尤其是在前后 3 个月中更为明显。

当然,如果生活比较安定,生活事件分数累计低于 30 分,可保持心理的稳定并有利于身体健康。有时,生活当中的小事也有可能对人的心理和行为产生很大影响。人作为"社会关系的总和",作为复杂纷繁的现代社会中的一员,相对于个体来说的正面和负面生活事件,几乎每日都在发生,它们对个人的心理和行为均会发生积极的或消极的作用。当这种作用强度达到一定程度,反映在员工的生产作业过程中时,就会导致人为失误的增加,更有可能发生工伤事故。

五、节假日的松弛心态与安全

1. 节假日对安全的松弛心态

一年之中的节假日都是人们期待的,节假日可以放松休息、尽情娱乐。但是在节假日前后比较容易发生事故,这似乎已经成为一个普遍的现象。比如,有的人趁节假日休息举办婚礼,却在回家办喜事之前偏偏出了事故。家远的职工,在回家探亲前或者刚回来上班这段时间里,有时也容易出事故。更有退休前的最后一个班,以及接到信息回家奔丧,或请假探望重病的父母或家人等前后发生事故的情况。因此,注意节假日前后员工的松弛心态,注意员工遇到大事的安全,就显得十分重要。

在节假日前后,由于与假日有关的事情会在员工的头脑中起干扰作用,他们在劳动过程中容易分散注意力,情绪不稳定。假日前,人们常会盘算着如何安排假日生活、与家人团聚及走亲访友等。假期之后,假期中有关事件的画面还未在头脑中消失,特别是一些令人兴奋或令人烦恼的事情,更不会在头脑中立即烟消云散,因此会造成员工思想还没转移到工作上来。很显然,这些情况都会对安全生产产生不利影响。生产现场的安全隐患较多,客观上要求每位员工都必须集中精力工作。

因此,在员工喜庆、婚丧、节假日前后,作为一个企业的领导者,特别是班组长,要及时做好思想工作,提醒班组员工要在离队前和归队后排除一切外在干扰,将全部精力投入工作中。除此之外,在指挥生产、安排任务时,也要考虑采取有关措施,如安排较安全的工作,或派人与之配合监护等。作为员工个人,更要努力控制自己的情绪,在工作中绝不想工作以外的事情,集中精力,防患于未然。

2. 节假日对安全的干扰作用

安全工作是关系每个职工的生命及家庭幸福的大事,只有认真做好安全工作,人们才能过上快乐的节日。节假日的各项活动,凡事都要有一个度;否则,不但伤身误事,导致精神疲惫,也容易引发思想上的麻痹大意和情绪上的兴奋激动。当你走上工作岗位时,自觉不自觉地降低安全工作标准,放松了警惕,把心思放在过节上,工作中稍微一分心,思想开了小差,操作时就会抱着侥幸的心理,图省事,容易疏忽大意,出现失误,就会引发或导致各种事故的发生。应该记住"安全没有节假日",企业、班组不仅要加强节假日安全管理,把安全生产的责任铭刻在心,还要把安全措施落实到位,不让安全出现断档和缺位,要一如既往地做好安全工作,确保节假日安全。

因此,在节假日来临之际,各企业、各班组要针对员工安全意识容易淡薄的情况,抓好安全教育和防范工作。提前制定相应措施,加强在节日期间的安全检查、监督、防范。多一声叮嘱、多一份操心、多一句提醒、多一份关爱,让员工时刻保持清醒的头脑和旺盛的精力。在岗员工要调整好自己的心态,时刻绷紧安全这根弦,排除思想隐患,在岗一分钟,负责六十秒,把主要心思和精力集中到保安全生产上来。做到越是节假日,越要对安全多一份清醒、少一份浮躁,多一份警惕、少一些盲目,聚精会神做好本职工作,防范事故的发生。

3. 节假日因素导致事故的事例

节假日期间,人们或在家消遣娱乐,或出门探亲访友,或外出旅游。利用节假日期间好好放松一下是可以理解的,但是在节前节后却不能掉以轻心,因为安全没有节假日。没有了安全,生命就没有了保障。事故的发生,不仅给企业造成无可挽回的损失和负面影响,员工自己也深受其害。所以说,安全是头等大事、是天大的事,必须按照规程去操作,来不得丝毫松懈和麻痹,安全必须时时抓、常抓不懈。

我们知道,节假日是休息的时候,最容易放松思想上的警惕,也容易发生意想不到的事故。在大多数人的心中,节假日是放松心情、出去游玩的好时机,特别是劳累的员工们,都盼望能在节假日好好玩一玩,或者是在家里尽情享受天伦之乐。尤其是新婚后的矿工,仍沉浸在甜蜜的幸福之中,到了节假日盼望着能够早早下班回家,极易造成思想不集中,干着手中的活,想着家中的事,很容易发生这样或那样的事故。如此等等,不一而足。因此,任何时候都不要有节假日的麻痹心理,如果在思想上稍微放松,事故隐患就会乘虚而入。

在节假日前后，由于临近放假或者放假刚刚结束，人的心态往往比较浮躁，最容易引发事故。

六、过度饮酒的危害

1. 酒精对人体的影响

从医学的角度来说，适量饮酒对人体的健康有一定好处，可以起到使人欣快、加速血液循环、解除疲劳、增进食欲、帮助消化、软化血管等作用。但是如果不加控制，一喝就喝得酩酊大醉，或者喝酒成瘾，就会对身体造成严重危害。

古往今来，过量饮酒酿成的悲剧不胜枚举：三国时期，满腹经纶的曹植本来深为曹操所宠爱，欲立他为嗣。但他"饮酒不节"，酒后误事，使曹操大失所望，31岁便命赴黄泉。南北朝时期梁朝的萧颖达，本是开国元勋，功绩显赫，身体也非常好。后来他饮酒过度，结果只活了34岁就早早地离世了。宋代文学家、书法家石延年，性格豪爽，"饮酒过人"。他嗜酒如命，相传宋仁宗非常爱其才华，曾劝他戒酒。但他最终仍因饮酒过度而亡，年仅48岁。陶渊明一生不太得志，整日饮酒吟诗作文，虽然留下了许许多多脍炙人口的诗篇和文章，但他的身体却因此而日益衰弱，54岁就故去了。不仅如此，他几个儿子的智力也因他嗜酒而受到影响，一个个平庸无能甚至呆滞，没有一个聪明成才的。他晚年醒悟，曾十分后悔地写道："后代之鲁钝，盖缘于杯中物所害。"

饮酒过量，最受伤的莫过于肝脏。酒最核心的化学物质是酒精（即乙醇），常说的醉酒，实际是酒精中毒。因为酒精在人体内90％以上是通过肝脏代谢的，其代谢产物及它所引起的肝细胞代谢紊乱，是导致酒精性肝损伤的主要原因。据研究，正常人平均每日饮40～80g酒，10年即可出现酒精性肝病；如果平均每日饮160g酒，8～10年就可发生肝硬化，这是多么可怕的事情啊！有研究表明，过量饮酒者比非过量饮酒者口腔、咽喉部癌症的发生率高2倍以上，甲状腺癌发生率增加30％～150％，皮肤癌发生率增加20％～70％，妇女乳腺癌发生率增加20％～60％。在食道癌患者中，过量饮酒者占60％，而不饮酒者仅占2％。乙型肝炎患者本来发生肝癌的危险性就较大，如果饮酒或过量饮酒，肝癌发生率将大大升高。

摄入较多酒精会伤及大脑，对记忆力、注意力、判断力、机能及情绪反应都有严重伤害。酒精会使男性精子质量下降；对于妊娠期的妇女，即使是少量的酒精，也会使未出生的婴儿发生身体缺陷的危险性增高。大量饮酒的人会发生心肌病，即可引起心脏肌肉组织衰弱并且受到损伤，而纤维组织增生，严重影响心脏的功能。一次大量饮酒会出现急性胃炎的不适症状，连续大量摄入酒精，会导致更严重的慢性胃炎。酒精会抑制大脑的呼吸中枢，造成呼吸停止。另外，饮酒导致的血糖下降也可能是致命因素。世界卫生组织一组数据显示，由酒精引起的死亡率和发病率，是麻疹和疟疾的总和，而且也高于吸烟引起的死亡率和发病率。据不完全统计，我国每年约有11.4万人死于酒精中毒。

2. 饮酒后常出现的反应

酒中含有酒精，酒精既是历史悠久、普遍使用的药物，又是具有药理效应的食物。科学实验的结果却表明，它是一种抑制剂。

酒精中的乙醇进入人体后由于不能被消化吸收，会随着血液进入大脑。在大脑中，乙醇会破坏神经元细胞膜，并会不加区别地同许多神经元受体结合。酒精会削弱中枢神经系统，并通过激活抑制性神经元（伽马氨基丁酸）和抑制激活性神经元（谷氨酸盐、尼古丁）造成大脑活动迟缓。伽马氨基丁酸神经元的紊乱和体内的阿片物质（抗焦虑、抗病痛）的分泌会导致多巴胺的急剧分泌。体内阿片物质同时还与多巴胺分泌的自动调节有关。酒精会对记忆、决断和身体反射产生影响，并能导致酒醉和昏睡，有时还会出现恶心。饮酒过量可导致酒精中毒性昏迷。

在酒精的作用下，人们常出现以下反应：①感觉迟钝，观察能力下降；②记忆力下降；③责任感低，草率行事；④判断能力下降，出错率高；⑤动作协调性下降，动作粗猛；⑥视听能力下降，易出现幻象和错听；⑦语言表达能力下降；⑧情绪波动较大，攻击性强；⑨自我意识缺乏，易冒险；⑩易患缺氧症。

特别需要注意的是，经常醉酒对家庭生活的影响极大，醉酒后易情绪激动、乱发脾气，判断力控制不佳，易与人发生冲突，对外界刺激敏感，犯罪率高。配偶与子女常成为暴力行为发泄攻击的对象。精神恍惚，工作效率低。也会导致亲友疏离。这些使醉酒者心理承受更大的挫折与压力，而更加自暴自弃，形成恶性循环。

3. 酒精对安全的影响

大量饮酒所造成的酒精急性中毒，可以使人丧命。即使少量喝酒所造成的慢性中毒也极其有害，它还能使心脏松软、收缩乏力、心脏胀大、血管硬化。常喝酒还对肺不利，容易得气管炎、肺气肿、肺炎和肺结核。饮酒更易使人患胃病和胃癌。酒尤其能损害肝脏，使肝容易硬化。此外，年轻人正在发育成长，如经常喝酒，除上述危害外，还能使脑力和记忆力减退、肌肉无力、性早熟和未老先衰。酒精对安全的影响非常大，主要表现为以下两个方面。

(1) 血液中的乙醇浓度达到 0.05% 时，酒精的作用开始显露，出现兴奋和欣快感；当血液中的乙醇浓度达到 0.1% 时，人就会失去自制能力；如达到 0.2%，人已到了酩酊大醉的地步；达到 0.4%，人就会失去知觉、昏迷不醒，甚至有生命危险。

(2) 酒精对人的损害，最直接的是中枢神经系统。它使神经系统从兴奋到高度的抑制，严重地破坏神经系统的正常功能。过量的饮酒就是损害肝脏。慢性酒精中毒，则可导致酒精性肝硬化。

国内外大量研究表明，随着血液中乙醇浓度的增加，人的操纵能力逐渐降低，对安全作业的影响很大，所以煤矿禁止喝酒的人员下井。据调查，1962—1973 年美国空军发生的 4200 起飞行事故中，与药物有关者占 64 起，与饮酒有关者占 25 起，共计损失飞机 66 架，死亡 128 人。

思考题

1. 什么是人为失误？它与生理、心理因素有何关联？
2. 探讨疲劳对人的认知和行为的影响，以及如何引发人为失误。
3. 压力对人的工作表现有何影响？如何减轻压力以降低人为失误的风险？
4. 探讨个体差异对人为失误的影响，如何针对不同个体采取相应的措施。
5. 探讨组织文化和安全氛围如何影响个体的人为失误风险，如何营造良好的安全氛围。
6. 如何通过生理、心理的干预措施，降低人为失误的发生率？

【实例5】 疲劳为主因引起的事故

2018年3月3日,王某在其工作的工厂里,因为极度疲劳而导致不慎被机器卷入,造成双手多处骨折,以及头部多处受伤。经过在医院的治疗和休养,王某虽然康复了,但是伤处仍然影响了他的正常生活和工作。

调查发现,王某日常工作时间较长,通常要在工厂里工作至少12h以上,频繁加班、上夜班,而且工作强度较大。此外,该工厂在安全设施和管理方面明显存在失职,特别是在操作机器的时候没有任何警告或者指示灯,也没有相应的保护设施,让工作人员处于高风险状态。

【实例6】 睡岗、麻痹大意引起的事故

山东济宁某合成树脂化工厂,生产醇酸树脂制作油漆、涂料。操作工张某是该公司的老职工,具有十几年的工龄,人缘好、脾气好、技术掌握得也全面。2009年12月31日1时左右,张某将包装箱拆开,放在自己负责的醋化反应釜旁,取暖睡觉。此时反应釜正处于酯化反应后期。根据张某以往的经验,这个阶段反应釜很稳定,基本上不用人管。相邻岗位操作工对此早已司空见惯,由于张某人缘好,每次值班领导查岗时,邻近岗位操作工总会提前给他暗号把他叫醒。

2时20分,回流冷凝器内漏,循环水由壳程进入管程并流入反应釜中,反应釜内温度、压力逐渐上升,并有泡沫开始生成。附近岗位的赵某此时正在向自己反应釜中进料,没有注意到张某负责的反应釜的异常。2时40分,反应釜超压发生爆裂,280℃的树脂四处喷溅,张某当场死亡,邻近岗位的赵某、李某严重烫伤。

【实例7】 情绪不稳定、生活事件导致的事故

2020年7月7日12时12分,一辆号牌为贵××的安顺市2路公交汽车在行驶至西秀区虹山水库大坝时突然转向加速,横穿对向车道,撞毁护栏冲入水库。公安、消防、应急、交通、武警等部门第一时间组织开展搜救工作,共搜救出37人,其中20人当场死亡,1人经抢救无效死亡,15人受伤,1人未受伤。

接到报警后,安顺市公安局立即出警处置。安顺市公安机关成立专案组,经现场勘查、调查走访、检验鉴定等工作,查明案件事实如下。

犯罪嫌疑人张某钢,男,时年52岁。2016年,张某钢与妻子离婚后,租住其姐姐女儿的房子,户口也寄搭于其姐姐处。经调查走访,张某钢常感叹家庭不幸福,生活不如意。张某钢在

西秀区柴油机厂(后更名为西秀区酿造机械厂)工作时分到一套 $40m^2$ 自管公房,为自管公产承租人,2016 年列入棚户区改造。

根据《国有土地上房屋征收与补偿条例》,2020 年 6 月 8 日,张某钢与西秀区住建局签订了《自管公房搬迁补助协议》,协议补偿 72 542.94 元,未领取。张某钢还申请了一套公租房,未获得。7 月 7 日上午 8 时 30 分许,张某钢来到他所承租的公房处,看到该公房将被拆除。8 时 38 分,张某钢拨打政务服务热线,对申请公租房未获得且所承租公房被拆除表示不满。8 时 50 分,张某钢电话联系对班司机,提出要提前交接班(正常交接班为 12 时)。8 时 52 分,张某钢回到住处。9 时 4 分,张某钢在住处附近烟酒店买了白酒和饮料,并将白酒装入饮料瓶,然后用黑色塑料袋带着前往交接班。10 时 55 分,张某钢与对班司机在安顺客运东站完成交接班。11 时 2 分,张某钢驾驶号牌为贵××的安顺市 2 路公交车从客运东站出发,11 时 37 分到达终点站火车站,乘客全部下车。11 时 39 分,张某钢通过微信语音联系其女友,流露出厌世情绪。11 时 47 分,张某钢驾驶公交车从火车站出发。12 时 9 分,张某钢趁乘客到站上、下车时,饮用了饮料瓶中的白酒。12 时 12 分,张某钢驾驶公交车行驶至西秀区虹山水库大坝时,先是降低车速躲避来往车辆,后突然转向加速,横穿 5 个车道,撞毁护栏冲入水库。

事故主要是张某钢因生活不如意和对拆除其承租公房不满,为制造影响,针对不特定人群实施的危害公共安全个人极端犯罪,造成 21 人死亡,15 人受伤,公共财产遭受重大损失。

第五章 操作行为与安全

人的行为是人的内在心理活动的一种外在表现。在安全生产活动中,如果说人的心理活动是影响安全的深层次因素,那么人的行为对安全活动的影响要直接很多。因此,研究人的行为,尤其是操作行为对安全的影响具有更重要的实际意义。

第一节 不安全操作行为的一般表现与心理分析

如果企业的管理者能够把安全心理学的研究成果引入安全管理中,企业的安全管理工作不仅会具有严肃性,也会带有较多的人情味和感情色彩,从而不断增强职工的安全意识,丰富安全知识,提高安全技能和自我防范能力,使安全管理工作由被动转为主动。

以交通事故为例,我国多年来每年因交通事故死亡的人数均在 10 万人左右,居世界第一。平均每 5min 就有一人丧生在车轮下,每分钟都会有一人因为交通事故而伤残。在对交通事故进行分析时,人们往往更注重驾驶员的技术和对交通规则的遵守,而忽略了心理因素的作用。实际上,相对于技术因素,人的心理状态对安全隐患的影响更重要。

人的心理状态对安全隐患的影响非常重要,激动的情绪,无论是正面的还是负面的,都不利于安全。因此,无论是哪种个性特征的人,都应该正确认识自己的性格特点,做到稳定情绪。在心情激动的时候注意加以调节,或者迟后再操作。越是容易情绪化的人,越应注意操作时的心理平衡。

因此,对从业人员进行安全心理调节能力的培养,是必不可少的环节。从业人员掌握心理状态自我调整的技巧,找到容易引发事故的因素并及时自我纠正完善,能在很大程度上避免事故的发生。

不安全操作行为一般又称为违章操作行为,简称违章。下面对违章操作行为进行分析。

一、违章的特点和危害性

1. 违章的特点

(1)大部分违章没有直接后果或没有显见后果,违章带有普遍性。

(2)有意违章与无意违章比较难区分(尽管本人是清楚的)。

(3)违章后果有潜在性,违章操作有较大的潜在风险。某个违章当时可能没有后果,但它可能与其他违章或以后的违章在一定的条件下巧合构成事故;违章操作与系统内已经存在的设计缺陷、施工缺陷等巧合构成事故。

(4)违章动机和效果存在不一致性,情境违章更为明显。有时,好的动机却带来严重后果,如监护人离开监护岗位去帮助操作人员操作而导致事故。

(5)任何年龄、任何工龄、任何工种的人都可能违章,而且还可能重复同样的违章,可以说凡是人都可能违章。

2. 违章的危害性

违章的危害不仅在于引起事故后对人身安全及设备造成直接伤害,更严重的危害在于给企业带来的潜在风险与间接危害。操作者会因大部分违章没有直接后果或没有明显后果而存在侥幸心理,管理者会因此而放松管理,使违章总是难以杜绝,甚至发展成为习惯性违章,给企业带来极大的风险。违章后果的潜在性不仅会给本企业带来后患,甚至会给相关企业带来灾难。

二、违章发生的规律

违章属于随机事件,所以违章的具体发生是很难预测的。但是,随机事件也有规律可循,从大量违章事件统计分析,可以得出如下规律。

1. 违章的多发时间

(1)节假日及其前后。这时操作人员思想受干扰多,工作时注意力容易分散。

(2)交接班前后。交接班前后的一个邻近时间段,有人称为"注意力低峰"。交班者注意力放松,接班者还未完全进入"角色"。有时在交班前,为了赶在下班前完成某项任务,草草收尾,因而遗漏某个操作或有意违规,以达到加快完成任务的目的,结果导致严重的事故。在交接班前后,不但容易因违章而导致事故,而且一旦发生事故,由于不易做到指挥统一,协调一致,还可能扩大事故。

(3)凌晨03:00—06:00。通常人在凌晨是最容易犯困的,思想较难集中而容易违章。按时间分布的统计结果表明,违章事故的发生率在凌晨03:00—06:00出现峰值,这与职工在此时的生理疲劳有关。

2. 违章的多发作业

(1)高空作业,如高层建筑,架桥、大型设备吊装。

(2)地下作业,如煤矿井下、地下隧道作业等。

(3)带电作业,在维修行业中,特别是在电气维修中更为普遍(尤其是在电气抢修中)。

(4)有污染的作业,在高噪声、含有毒物质、有放射性物质的环境下作业。

(5)在交叉路口、陡坡、急转弯、闹市区行车,雾天行车或飞机航行。

(6)复杂操作,如飞机起飞、着陆过程,复杂系统的启动过程。

(7)单调的监控作业,随着自动化程度的日益提高,许多手工操作由机器完成,人们只起监控作用。在绝大多数情况下,机器是正常运行,人的工作负荷很小,但又不能离开作业区域或做其他事情,此时非常容易产生心理疲劳从而导致违章。

(8)单独外出作业或工程队外出作业,由于缺乏现场监督而违章。

3. 违章多发当事人本身的因素

(1)违章容易发生在人处于自己生物节律的临界期或低潮期。
(2)责任心和安全意识比较差的人容易违章。
(3)对所从事的工作不感兴趣的人容易违章。
(4)有些违章源于一时的错误闪念。

三、违章操作的表现

在生产过程中,职工明知道设备有缺陷,也明白违章操作是不安全行为,但总是心怀侥幸,不愿按安全规程去做,结果放过了消除事故隐患、防止事故发生的机会,最终导致事故的发生。在安全检查中,经常会发现工人在工作场所不戴安全帽、高空作业不系安全带、戴手套操作车床等违章现象,侥幸没出事就丧失了警惕和防范意识,最终由于忽视安全规程和违章操作付出了鲜血和生命的代价。违章指挥、违章操作的行为主要有以下一些表现。

(1)骄傲自大,好大喜功。自己能力不强,但信心过强,总以为自己工龄长,有时也感觉力不从心,但在众人面前争强好胜,图虚荣,不计后果,蛮干、冒险作业。

(2)情绪波动,心神恍惚。受社会、家庭环境等客观条件的影响,往往会产生烦躁、神志不安、思想分散、顾此失彼、手忙脚乱,或者高度兴奋、手舞足蹈、得意忘形等思想状态,从而导致不安全行为的发生。

(3)技术不精,遇险惊慌。操作技术不精,生产工艺不熟,面对突如其来的异常情况,正常的思维活动受到抑制或出现紊乱,束手无策,惊慌失措,错失安全自救良机。

(4)思想麻痹,自以为是。青年工人和一部分有经验的老工人,他们在安全规程面前"不信邪",在领导面前"不在乎",把群众提醒当成"耳旁风",把安监人员的监督认为是"找麻烦",自以为是,我行我素。

(5)不思进取,盲目从众。有的工人不愿学习操作规程,而是凭想象、凭经验,看见别人违章作业没出事故就盲目效仿,时间久了便养成了不良的操作习惯,改之甚难。如劳保眼镜装在口袋里,戴手套操作旋转机床。

(6)心存侥幸,明知故犯。有的违章人员不是不懂操作规程,也不是技术水平低,而是明知故犯。在他们看来"违章不一定出事,出事不一定伤人,伤人不一定是我。"这实际上是把事故的偶然性绝对化了。在实际作业现场,以侥幸心理对待安全操作的人时有所见,如槽、罐内检修未先进行安全确认,这些需特种操作人员操作的设备,由自己违章代劳操作。

(7)懒惰作怪,敷衍了事。作业时能省力便省力,能将就则将就,图省事,怕麻烦。有的操作工人为节省时间,手握零件在机床上打孔,而不用虎钳或其他工具固定;有的宁愿冒险,明知设备运转不正常,也不愿停车检查,而是让它继续带"病"工作。

(8)心不在焉,满不在乎。一是本人根本没有意识到危险的存在,认为什么规章制度,都是领导用来卡人的,对安全规程缺乏正确认识;二是安全工作谈起来重要,比起来次要,干起来不要;三是认为违章是不可避免的,胡搅蛮缠、肆意违反。

(9)好奇乱动,无意酿祸。有的刚进厂的新工人,看到什么都新鲜,乱动乱摸,致使一些设备处于不正常、不安全状态;也有的老工人到其他岗位串岗,无意乱动设备,危及本人、殃及他人。

(10)工作枯燥,厌倦心烦。企业一线工人的工作往往是重复操作,容易产生心理疲劳,久而久之便会形成厌倦心理。如某电工进行变压器避雷实验,当天已完成7台,在进行第8台测试时,心理疲劳,感觉乏味,一时走神,违章触电。

四、违章操作行为的心理原因

为了保证安全生产,提高工作效率,必须了解人的行为特点,并仔细观察操作人员的情感变化和个人特征,排除不安全的心理因素,从而防止事故的发生。从事生产的劳动者发生的各种心理过程都带有个人的特点,因为操作行为与操作人员的精神状态、情绪好坏等因素有关,也与操作者的心理特征有关。因此,相同类型和环境的作业中,有的操作者很少发生事故,而有的操作者就容易发生事故。

1. 人的个性心理特征

人的一切心理活动都是在客观现实的作用下产生的,没有外界刺激就没有人的心理活动,客观现实不仅决定心理的内容,而且决定心理的形成和发展。而且,人的心理反应由于个性特征的不同而不同。所以,对同一客观事物,不同的反映是可能大不相同的。

人的个性心理特征是一个人在心理活动中所表现出来的比较稳定和经常的特征,正如每个人的面容各不相同,每个人都有自己的心理特征。例如,有的人善于学习,掌握科学技术和生产技能很迅速;有的人对工作细心、认真、一丝不苟,有的人干活则粗枝大叶,马马虎虎;有的人沉着、稳重、老练,有的人则轻浮、急躁、冒失。人的某些生理特征,如反应快慢、手的灵巧程度、视力、体力、某些生理缺陷、疾病、疲劳等,都是影响安全的因素。

2. 违章操作的心理状态

一般来说,导致事故发生的原因,归纳起来不外乎外因和内因两个方面,外因包括设备情况、预防措施、保护用品、环境温度、照明条件等。内因则包括操作人员的技术、心理活动或精神状态等方面不符合安全作业的要求。从统计调查资料中可发现,在工业企业中发生的事故,70%~80%是由操作人员的操作行为发生错误或违章操作引起的。而人的行为是由人的心理状态支配的。所以,要研究和分析事故的内因,就必须研究和分析发生事故时操作人员的心理状态。在事故发生之前,操作人员的心理状态有如下几种情况。

(1)麻痹大意。例如,操作者认为是经常做的工作,所以习以为常,并不感到有什么危险,"这种工作已经做过多少次,无所谓",没有注意到反常现象等。在这些心理状态的支配下,操作人员凭印象,毫不怀疑地根据过去的经验开始了作业,结果发生了事故。有时候由于没有进行日常检查,或在麻痹思想的指导下,检查不够详细,出现了与预料相反的状况,由于事发突然,就会惊慌失措、手忙脚乱而酿成事故。

(2)精力不集中。操作人员有特别高兴或忧虑的事情使情绪受到极大波动而发生事故,如和同事、家属发生过争执,夫妻不和睦而心里不痛快,受批评而有情绪,或遇到特别高兴的事,感情冲动,思想不能集中,或忘记了按照操作程序进行作业,结果导致事故的发生。

(3)技术生疏。这种情况的心理状态通常是由技术不熟练,遇事应变、应急能力差而造成的。有些操作人员能力不强,但又很自负,他们没有足够的经验,却又过分自信,不能虚心求教,主动学习,存在怕损害了自己自尊心的心理状态。结果在这种思想的支配下,最终导致了事故。另一种心理状态是:虽然注意到了反常情况,但自信于以往的经验。尽管在这种情况下,操作人员本身注意到了反常状态,但由于骄傲自满的情绪,相信自己考虑的方法是正确的,结果造成了事故。

(4)过分依赖他人。这类情况中,多数是在与他人共同作业时,自己不积极主动,不严格按照自己应承担的操作项目和操作规程进行,而总是图省事、省力,想依赖他人,侥幸取胜,结果导致了事故的发生。

(5)紧张导致判断错误。操作人员由于某些原因心情紧张,对外界情况没有正确的反应,在急急忙忙地操作中发生事故。因为在心情紧张时,注意力分配上会产生偏差,顾此失彼,忙中出错。

第二节　无意违章和有意违章操作行为分析

一般来讲,违章可以分为无意违章和有意违章两类,分析这两类违章行为有助于找到违章的各类根源,从而减少违章行为。

一、无意违章的原因分析

1. 无意违章的行为原因

(1)劳动环境差和超负荷工作造成的身心疲劳。在生产条件差、劳动环境恶劣的情况下,经常超负荷工作,会导致人的生物节律紊乱,生理功能出现障碍。有时尽快完成任务、结束疲劳状态的欲望成为第一需要,操作中行动匆忙、草率,对事故苗头反应迟钝。当员工的工作量增加到一定的限度时,疲劳便会积累,积累达到一定程度,工人就可能出现违反操作规程的行为。

(2)不良的社会环境和家庭矛盾造成的力不从心。生产、生活中不良因素的影响会导致人的情绪波动。当人的情绪处于兴奋状态时,人的思维与动作较敏捷,处于抑制状态时,显得迟缓,处于某种极端状态时,往往有反常的举动,上述情况均可能造成违规行为的发生。

(3)具有精神疾病和其他疾病的人的无意违规行为。患有精神疾患的人,对自己的行动无法进行正确的判断,不能允许其进入操作岗位。对于偶发精神疾患未能被及时发现的患者,可能造成无意违规引发安全事故。

另外,因各器官之间缺乏协调,偶发的身体不适,会造成注意力分散,自控能力下降,也可能造成无意违规,导致安全事故的发生。

2. 无意违章的心理原因

(1) 认知不良。对规程、设备、系统运行情况的理解、判断错误而导致的违章行为或违章操作,或是缺乏某些相关专业知识或缺乏经验而导致的违章行为或违章操作,违章者主观上误以为符合规章。

(2) 过失。疏忽、遗忘导致了违反规章或操作规程,是事实上的违章,但违章者本人当时并没有意识到。如忘记某个操作步骤,记错操作方向,忘记系安全带,维修工作结束后忘拆除临时装置等。

(3) 不良的性格特点。性格是一个人对现实比较稳定的态度和与之相应的习惯行为方式。有的人性格行为反应迅速,精力充沛,但好逞强、爱发脾气,情绪波动大,相比之下,就易于发生事故。

总之,无意违章是由人的认识、理解、判断失误,或疏忽、遗忘,或知识、经验不足导致的。这些都是人的心理特点,任何人都不可能事事认识正确、判断准确、没有疏忽、没有遗忘。知识、经验不足也在所难免,人的知识、经验是逐步积累起来的。但这些过失或不足的严重程度不但与违章者的学习情况、健康状况、接受教育和训练的情况、工作经历等有关,也与当时的作业情况、作业环境有关。一个人生病、疲劳,或对自己所操作的系统不感兴趣、不够熟悉,或者作业强度过大,超出了生理、心理限度,如操作时要求记忆的内容太多,操作时要求选择的内容太多,或操作比较复杂,作业环境恶劣(包括不良的人际关系、不良的物理化学环境)等都容易让员工犯无意违章的错误。总之,无意违章主要是由个人难以直接控制的因素造成的。

二、有意违章的原因分析

1. 有意违章者的心理影响因素

(1) 违章者认为自己追求的是以最小代价得到最大的效果。这是人们普遍存在的心理现象,所以违章有存在的基础。

(2) 违章者主观认为省时省力的做法。例如,不系安全带操作比系安全带操作更为方便、灵活。同样,不戴安全帽操作,也更方便、舒服;省去规程中规定的检查步骤节省时间;维修任务完成之后,不清点工具自然也省力省时。

(3) 违章并非一定导致事故。例如,不戴安全帽进现场,不一定被砸伤;不系安全带操作,不一定会坠落;维修时把小工具放在口袋里,不一定会掉到设备里;某些操作并非没有人监护就一定会出事故。这些现象大家都习以为常,在没有受到指责或处理的情况下,违章者主观认为没有风险。

除此之外,现有的规程和规章制度都存在缺陷,如有些规章制定之前没有充分征求操作人员的意见;有些不必检查的操作步骤也规定必须检查;一些安全设施存在缺陷,如有些安全帽过重、过硬,有些工作服过于笨重,有些维修现场没有挂安全带的固定挂钩,等等。这些都是违章者不愿遵守规程的客观原因。

2. 对有意违章者认知和判断问题的分析

（1）违章者的错误就在于把违章的风险和违章导致事故发生的概率等同起来。我们知道，风险等于事故严重程度与事故概率的乘积。也就是说，即使该事故发生的概率很小，其风险也是不容忽视的。以不戴安全帽为例：不戴安全帽进现场，不一定会被砸伤，但是一旦被砸，砸伤（甚至砸死）是必然的，其风险不能不考虑。有的违章操作甚至可以导致灾难性的后果，如1986年苏联切尔诺贝利核电站的核泄漏事故，其主要原因就是违章操作。所以，违章导致事故的概率小，不等于风险小，违章者自认为风险不大的主观判断，事实上是错误的。

（2）违章者把个人需要与组织（或企业）需要等价对待。按规程操作来完成任务是企业安全的需要，与个人的各种需要是不等价的。任何个人的需要如果与企业的安全需要发生矛盾，应放弃个人需要，认识这一点是保证不违章的前提。

（3）违章者衡量代价与效果的标准不对。违章者认为自己追求的是以最小的代价得到最大的效果，但是违章者没有考虑，衡量代价与效果的标准不是个人的得失而是他人或集体的安危，也包括自己的安全。如果能以最小的代价保证安全、高效，那当然是应该充分肯定的，如果因为个人方便而导致事故，那将是不能饶恕的。

（4）违章者没有考虑违章操作的潜在风险。违章操作的潜在风险很大，特别是在维修作业中违章操作的潜在风险更大。主要体现在3个方面。

第一，维修操作中常出现的一些违章行为，其后果不是马上出现的，事故往往发生在事后。如设备检修完毕之后，螺钉没有拧紧，没有检查或检查不细致，就有可能在设备投入运行后发生颤动或故障，影响系统运行质量甚至导致事故。维修结束后，维修操作时移动的电线或电缆，或因维修需要而专门设置的临时控制装置没有复位，就有可能改变原有系统的运转状态，从而导致设备再投入运行时发生事故。遮拦移动之后没有复位，也有可能导致其他人误入危险区，等等。

第二，由于维修人员对将要进行维修的设备或系统，以及现场情况不像运行人员那样熟悉，或是缺乏相关知识，因而现场维修人员不容易事先估计到设备运行中的不安全因素，特别是在设备抢修时，如果违章操作，就有可能导致事故。

第三，违章者认为最便捷、省力的做法最佳。对于一些必须每完成一步就要进行检查的操作，违章者为图省事直到最后工序结束前才检查，常常造成了全部返工，有时甚至造成不可挽回的事故。

上述主观认识和主观判断导致了有意违章者的错误行为，使有意违章不断发生，甚至重复发生。

第三节 解决违章行为的心理学方法

事故教训告诫我们：一个人的心理特点很重要，对行为安全有直接关系。因此，每个职工与各级管理人员必须重视与安全有关的心理问题。要采取有效措施，提高职工从心理上控制自己行为的能力，做到行为安全，万无一失。

一、用心理学方法解决违章操作行为的必要性

1. 采用科学的用人机制

我国企业的管理模式比较强调员工在思想上、行动上的服从,管理者与被管理者的关系往往是指挥与服从的关系,并用奖惩办法强化这种关系,而对用人机制的科学性、规范性研究较少。在社会环境、技术水平发生很大变化的情况下,安全管理除了采用新技术之外,更应重视对人的研究,因为如果没有科学的用人机制,任何操作规程和管理办法都有可能达不到预想的效果。

要改变凭印象、靠经验进行管理的老传统,建立科学的选人、用人机制,就必须像在技术上认真研究一样,在用人上充分依靠现代科技的新成果。人作为最活跃的生产力要素,具有最大的潜力,如果不进行科学的发掘,将是极大的损失。

2. 提高管理人员的思想认识

在一些管理人员的思想中,设备、技术是实的,看得见、摸得着;而人员、管理是虚的,他们对没有生命的机器、设备、原料怎样变成产品最为熟悉,而对人的管理也习惯于像对无生命的东西一样,生产中发生事故伤了人、死了人,就像设备出了故障或者报废一样。如果再算一下经济账,他们就会觉得损坏一台机器造成的经济损失更大。这种对货币的权衡不仅形成了对伤亡事故的漠视,而且人的失误,造成了更大的设备、财产损失。

3. 加强对员工心理素质的发掘和培养

从目前安全管理规章制度及操作规程的要求来看,对人员提出的要求主要是从技术角度出发,在此基础上进行管理。而实际上,人在工作中的行为并不是只受规程和法规的约束,而与其心理状态、性格好坏、智力水平有很大的关系。因此,人与工作的关系不能仅仅从工作要求人的角度出发,还要看人的特点是否适应工作的要求,这些要求除了技术素质外,其心理品质是重要的因素。如果只重视机器对人的要求,而忽视人的特点,就会出现一系列矛盾和问题。

人的素质包括先天素质和后天素质。在提高人的素质水平上,后天的教育和培训不能解决所有的问题,人的气质、性格特点,智力水平,并非通过几次培训就能得到改变。因此,改善安全管理的效果,除了教育培训外,可以考虑使用心理学手段来了解人的基本能力素质和个性特征。然后有针对性地培养员工的心理素质,防止各类违章操作行为的发生。

二、违章管理的基本原则

1. 控制违章风险,减少违章行为

违章管理的目的不是消灭违章行为(如果能消灭违章当然最好),而是控制违章的风险(把违章的风险控制在可接受的水平),使违章行为减至最少,同时把违章损失减至最小。

可接受的违章风险取决于作业性质,高危行业如航空航天、核电、井下作业等违章风险就比较高。

2. 提高管理者的管理水平

能否实现可接受的风险值,取决于管理者的管理水平、管理资源和科技水平,其中管理者的管理水平是关键。管理者对违章行为既要能非常理性地分析,又要能非常人性化地处理,坚持严肃、严格、严厉。

三、违章的系统管理

1. 从分析违章行为的客观原因着手

一旦发生违章事件,首先应该组织有关人员分析违章的客观原因,这样做既可避免遗漏了某些客观因素,又有利于营造一种宽松的、实事求是的氛围,使违章者敢于说出自己的想法和违章行为。只有找准客观原因之后,才能较好地分析主观原因。

2. 加强教育、培训,提高思想认识

(1)要使操作人员建立安全的基本概念,树立风险意识,特别是对维修作业的潜在风险要有清醒的认识。安全与风险是一个问题的两面,有了风险意识也就有了安全意识,这样就会警惕各种危险源,提高责任感,就不会对各种违章风险作出错误的估计。有了风险意识,就能理解违章可能是零事故,但绝不是零风险,而且只要允许一次违章,就会有第二次、第三次,以至违章成为习惯性的、普遍性的,成为企业精神上的腐蚀剂。那样,必将导致频发事故,使企业蒙受巨大损失,甚至失去生存能力。必须使每一位员工都认识到,违章是绝对不被允许的。

(2)使操作人员了解人的基本心理特性、人性的弱点,了解人为什么会失误,弄清楚人的行为与动机之间的关系,人的需要与价值观之间的关系。要让他们清楚地了解企业的需要和企业的目标,认识个人的需要与企业的需要之间的关系,使个人的需要与企业的需要一致。安全是企业的第一需要,是企业的生命,确保安全是每个员工的责任。当他们真正明确了自己个人的需要与企业的需要之间的利害关系时,就会自觉执行操作规章,杜绝违章。

(3)对违章人员的培训不能光靠讲课灌输,而要多采用互动式教学法,畅所欲言,达成共识。也可用典型违章事例进行模拟实验,再现违章操作,并赋予各种可能的后果,使违章者反思自己的行为,从而改变自己的认识。目前,有些企业对违章者进行集中培训,方式主要是讲课,内容主要是重复讲解规程和奖惩制度,培训考核不及格者延长时间,培训期间停发奖金等,事实上把集中培训变成了某种惩罚。由于培训内容、形式、激励方式等不合适而改变了性质,甚至使受训者产生逆反心理,这样就达不到培训应有的效果。

3. 改进操作方法,改善安全防护措施和设施

杜绝违章是个系统工程,因此除了培训、教育以外,还必须从其他方面采取措施。如定期组织规程编写人、执行人(包括违章者)及安全监管人员对规程的正确性、准确性、表达方式等进行评审;对具体操作方法和步骤、安全防护措施进行广泛讨论;改进或改善安全防护设施和设备。如果安全帽既通风又轻巧,则不戴安全帽上岗的人就会少些;如果安全带既结实又轻便,则不肯系安全带登高操作的人也会少些。

4. 完善检查、监督机制和奖惩制度

任何措施均不可能是尽善尽美的,特别是受资金和科技水平的限制,任何措施、设施和方法的改进都不可能完全满足操作者的要求。所以,还必须有一套反违章的检查、监督机制和奖惩制度。

加强检查、核查和监护,一旦发现违章行为立即采取措施补救,对造成事故的,要追究个人责任,对由有意违章而导致事故者要严肃处理,迫使有违章倾向者正确认识自己行为的风险,使一向遵章者更有自我约束的动力。同时,要奖励遵章守纪、对安全工作有突出贡献者。上述各项管理措施基础上的监督和奖惩,不是简单地管、卡、压,而是符合安全心理学的纪律教育和榜样示范。

5. 尽可能采用防错、容错措施

人行为的可靠性是很难预测的,尽管上述措施都能减少违章的发生,但这些措施都不能保证违章不再出现,所以需要越多越好的防错、容错措施。例如,提高操作规程的可操作性,在重要操作步骤前加提示,以免遗漏;强化按照规程进行操作的训练,强化对重要操作进行监护的训练;定期检查危险点、危险源,并为操作者熟知,而不敢轻易违章,增加各种硬件的防错、容错功能,如有人闯入禁区会立即出现报警信号,机件的设计使得不按次序拆卸或装配成为不可能;采用多重纵深防御措施,如核电厂加设安全设施和多道安全屏障(燃料包壳—主回路压力边界—安全壳—应急准备)等。

6. 培育良好的安全文化氛围

企业内外对违章的态度及重视安全的思想氛围,对违章者的行为有很大的影响。虽然违章发生在个人身上,但它不是一个孤立的事件,如果周围的人都有很强的安全意识、责任意识、法律意识,都把违章视为绝对不可容忍的行为,都有良好的按规程操作的习惯,那么违章操作就没有生存的土壤。所以,必须培育安全文化氛围,加强和提高安全责任意识和法律意识。这是最根本、最有效的措施,需要长期坚持。这种文化得以延续、发扬,就能逐步掌握违章的规律,积累防违章的经验,最终使违章的风险趋于零。

思考题

1. 什么是操作行为?它与安全有何关联?
2. 探讨操作行为中的常见错误和失误,以及它们可能导致的事故和后果。
3. 如何通过规范操作行为来提高工作的安全性?

4.如何培养员工良好的操作习惯和安全意识,预防操作失误的发生?

5.如何对员工的操作行为进行有效的监控和评估,及时发现和纠正不安全行为?

6.探讨如何通过技术手段和设备改进来降低操作行为中的风险和失误率。

7.如何评估操作行为的可靠性和安全性,以确保其在不同情境下的有效性?

8.如何通过激励机制和奖惩措施来鼓励员工采取安全操作行为,减少不安全行为的发生?

9.如何将操作行为与安全文化建设相结合,提高员工的安全意识和责任心?

【实例8】　　违章指挥引起的事故

2022年9月13日下午,××煤矿分管生产副矿长王建虎主持召开协调会,安排9#煤南翼皮带机机头卸载臂延长改造工作,直接安排机电科负责卸载臂进展设计和订制,并由××公司工程部综掘二队负责施工。9月15日16时30分,××公司工程部综掘二队擅自开工,19时,当卸载臂安装及皮带钉扣完毕,皮带穿条时,发现两端接口距离相差1.2m,不能合口。在尝试了用人力牵拉及皮带机点动倒转的方式均无法将皮带合拢的状况下,负责接带工作的皮带检修工高某军擅自从皮带断口处跳入驱动滚筒与导向滚筒之间的底皮带上,并违章指挥皮带机司机秦某以点动方式倒转皮带机,在皮带机运转瞬间,高某军即被卷入驱动滚筒,下半身挤压受伤,后被紧急送往医院,但不治身亡。

【实例9】　　违规操作引起的事故

2013年4月3日11时30分,××市某玻璃有限公司天车工杨某国操作天车在原料车间(南北走向)进行抓沙作业时,天车因钢筒发生故障而不能正常工作,于是杨某国将天车故障情况电话告诉原料车间副工段长张某兴。张某兴电话通知原料车间维修班代理班长田某派员进行维修,随后,杨某国将故障天车停放在原料车间轨道北部,并驾驶轨道南部天车继续进行抓沙作业。

14时,田某安排崔某辉、崔某满、单某云到厂区修理故障叉车。14时40分,田某到原料车间维修天车,田某在向杨某国了解天车故障时,崔某满修理完成叉车后也来到原料车间,要求和田某共同维修故障天车。因崔某满刚被分配到维修班一个月,田某对他的维修技术不太了解,加之维修天车系高空作业,危险性大,田某让崔某满在地面做些辅助工作。杨某国将故障天车开至车间中部空旷位置,田某沿天车轨道攀登梯攀登到故障天车(距地面约9m)上面进行维修。

15时左右,崔某满在未与现场其他作业人员打招呼的情况下,擅自登上天车轨道,沿天车轨道走向天车所在位置,欲到天车上部查看维修情况。此时天车维修完成,崔某满恰好走在天车维修现场其他人员的视线盲区,田某指挥杨某国启动天车向北行驶,行驶的天车将崔某满挤在天车轨道西侧立柱上。正在巡检的张某兴听到天车轨道上有叫喊声,立即沿天车轨道攀登梯攀登到天车轨道上,发现崔某满头朝北,身体平躺在天车轨道与墙体之间,肋部有血印划痕,身体其他部位无伤痕,且神志清醒。看到此情况后,张某兴立即叫停运行的天车,田某将事故情况电话报告至公司设备动力部部长蔡某花,现场作业人员将崔某满抬至地面上并立即将其往××市医院进行救治。当日22时20分,崔某满经抢救无效后死亡。

这起事件中,崔某满擅自违规登上天车轨道,沿天车轨道走向天车所在位置,欲到天车上部查看维修情况时,此时天车维修完成,崔某满恰处在现场其他人员的视线盲区,杨某国启动天车向北行驶,行驶的天车将崔某满挤在天车轨道西侧立柱上。这是造成事故发生的直接原因。

【实例10】 违章指挥、违章作业导致事故

2021年12月9日8时许,××省××物业管理有限公司泉港分公司厨房灶台出火不稳定,经理程某清为按时供应午餐,未按规定程序向某联合石油化工有限公司报修,组织人员对该灶台进行调试、换炉灶减压阀、排气作业。监控视频显示:8时2分,维修人员拆开厨房内供气管排气,大量白色雾状气体(液化石油气)泄漏、扩散,现场可燃气体声光报警仪报警,现场其他员工未停止相关供餐准备工作。

8时30分许,厨房灶台调试完成,仍存在灶台打火不正常的情况。程某清组织人员进入西餐操作间进行维修。8时35分,郭某山携带维修工具进入西餐操作间采用拆供气管排气方式进行维修作业。液化石油气持续泄漏、扩散,与空气混合形成爆炸性气体。8时47分,爆炸性气体遇室内空气断路器断闸时产生的电弧发生引燃,造成现场7人不同程度灼伤。

经评估,截至事故调查工作结束,事故共造成直接经济损失790.1万元人民币(其中:人身伤亡所支出费用782.9万元,财产损失7.2万元)。

导致此次事故的直接原因是××省某物业有限公司泉港分公司经理程某清组织未持有《燃气经营企业从业人员专业培训考核合格证书》的维修工郭某山拆卸、维修液化石油气燃气管道,把金属软管与镀锌管的活动接口拆开进行放气,导致液化石油气大量泄漏、扩散,与空气混合形成爆炸性气体,遇室内空气断路器断闸时产生的电弧发生引燃。

另外,××省某物业管理有限公司安全生产主体责任落实不到位,安全培训教育流于形式,分公司负责人违章指挥,组织人员违章作业;公司员工安全意识淡薄,在厨房可燃气体报警仪报警时仍未停止相关供餐准备工作,也未及时制止相关违章作业,这些是本次事故的间接原因。

第六章　工作分析与人机匹配

在人机系统中,影响工作效率和安全的主要因素有人、机器和环境。要保障人机系统高效、安全地工作,不仅需要选拔能够胜任工作的任职者,还需要通过工作设计,使任职者的人格特征和能力与工作匹配。要选拔能够胜任工作的任职者,需要了解每个工作岗位的任务、性质和特点,了解每个工作岗位对任职者的要求,同时还要了解心理测量和人员选拔的方法。要使任职者的人格特征和能力与工作匹配,需要了解人与机器的功能特性,了解人机匹配的知识。还要了解环境对人的影响,了解工作环境的优化设计。

第一节　工作分析

在生产活动中,存在着各种各样的职业,不同的职业、不同的岗位需要安排不同的人来担任。人和工作的匹配程度,不仅影响工作效率,同时也影响生产的安全程度。因此,做好工作分析是保证生产安全的重要一环。工作分析可以为劳动就业、人员选拔、职工的教育、岗位培训和职业职责权限的设置等提供指导和基本依据,也可以作为安全管理和改善业务的资料。因此,进行工作分析具有重要的意义和必要性。

一、工作分析的定义和组成

工作分析又称职位分析、岗位分析或职务分析,是指根据调查和研究对特定工作的任务、性质、特点等基本特征的信息进行分析,并提出专门报告的工作程序,作为招聘、选拔能够胜任工作的求职者和晋升者、确定合理的工作制度和职责分配、确定培训的需求和内容、考核员工工作绩效、确定薪酬体系、预防职业安全与健康危害的依据(图 6-1)。因此,工作分析是人力资源管理工作的基础,只有在客观、准确的工作分析的基础上才能进一步建立科学的人员管理体系。工作分析一般由两大部分组成:工作描述和工作要求。

1. 工作描述

工作描述主要用来说明工作的物质特点和环境特点,主要包括职业名称、工作活动和程序、工作条件、物理环境、社会环境和工作待遇等。职业名称是指从事工作的名称或代号。工作活动和程序,是指所要完成的工作任务、工作责任、使用的原材料和机器设备、工艺流程、与其他人的正式工作关系、接受监督,以及进行监督的性质和内容。工作条件和物理环境,是指工作地点的温度、光线、湿度、噪声、毒物、安全条件、地理位置、室内或室外等。社会环境,是

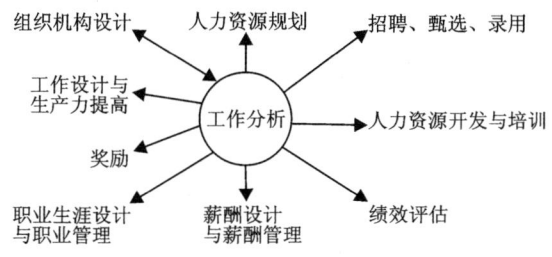

图 6-1 工作分析在组织管理中的地位

指工作群体中的人数,完成工作所要求的人际交往的数量和程度、各部门之间的关系、工作点内外的文化设施、社会习俗等。工作待遇,是指工作时数、工资结构、支付工资的方法、福利待遇、该工作在组织中的正式位置、晋升的机会、工作的季节性、进修的机会等。

2. 工作要求

工作要求主要用来说明任职者必须具备的一般要求、生理要求和心理要求,主要包括年龄、性别、学历、工作经验等一般要求,健康状况、体力、运动灵活性、感官灵敏度等生理要求,以及观察、记忆、理解、创造性、计算、语言表达、性格、气质、兴趣爱好、态度、事业心、合作性、决策、领导能力和特殊能力等心理要求。

二、工作分析的方法

工作分析的基本方法很多,主要有以下几种。

1. 访谈法和问卷法

工作分析中最常采用的是访谈法和问卷法。在工作分析时,先查阅和整理有关工作职责的现有资料,大致了解工作情况后,再访问担任这些工作的人员,一起讨论工作的特点和要求。

在访谈的基础上,可以运用问卷表和职责核对表,让职工和管理人员在工作任务清单中找出与自己工作有关的项目,并对各种工作特征的重要性和频次(经常性)打分评级。

2. 观察法和参与法

观察法是对职工的工作过程进行观察,记录工作行为的各方面特点;同时,了解工作中所使用的工具、设备,工作程序、工作环境和体力消耗。

参与法通过直接参与某项工作,从而细致、深入地体验、了解和分析工作的特征与要求。

3. 关键事件法

关键事件法是一种常用的分析方法。该方法要求管理人员、职工及其他熟悉工作职务的人,记录工作行为中的"关键事件"使得工作成功或者失败的行为特征或事件。在大量收集这些关键事件后,对它们作出分类,并总结出工作的关键特征和行为要求。关键事件法既能获得有关职务的静态信息,也可以了解职务的动态特点。

4. 工作日志法

工作日志法通常由在职员工填写，让职工在工作日志中系统记录每天的工作活动，该方法可以获取其他方法注意不到的细节和感受。

5. 利用资料法

利用资料法分两种情况：一种情况是从各种一般资料中，直接收集对特殊环境有用的信息；另一种情况是基于现有资料作出判断，即从相似性质的工作及其对员工个性和能力的要求中，经过分析，确认与要分析的工作相似的要求，以达到工作分析的目的。

6. 技术会议法

技术会议法就是召集管理人员、技术人员举行会议，讨论工作特征与要求。

三、工作分析的程序

工作分析是一个全面的评价过程，一般分为 4 个阶段：准备阶段、工作定向分析阶段、人员定向分析阶段、分析汇总阶段。

1. 准备阶段

工作分析的内容取决于工作分析的目的和用途。不同的企业和单位有不同的特点和急需解决的问题。该阶段主要是根据工作分析的目的和各种限定条件，制订工作分析计划，确定工作分析对象，熟悉环境和工作过程，向有关人员宣传、解释，并把劳动者的整个生产过程分解成若干工作元素和环节。

准备阶段的工作是否充分和完善，将直接影响后续阶段的质量和效率。因此，应认真对待准备阶段的每一项工作，确保为整个工作分析过程奠定良好的基础。

2. 工作定向分析阶段

工作定向分析阶段主要包括对整个工作过程、工作环境、工作内容和工作人员进行全面的调查。

工作定向分析阶段主要是通过观察、调查、问卷等手段确定某一职业所包括的工作性质和特点，包括工作任务、环境条件、设备、工具、操作特点、工作的难度、训练时间、紧张状况、安全要求、脑力体力要求、身体姿势等方面的特性。该阶段的目标是全面了解工作的各个方面，为后续的分析和改进提供基础。这一阶段的结果将用于编写工作说明书和工作规范，从而为员工招聘、培训、评估和职业发展提供依据。

3. 人员定向分析阶段

人员定向分析，也称为人员定位或任职资格分析，主要是通过一定的方法寻求那些足以保证人们成功地从事某项工作的知识、能力、技能和其他个性特征因素。其目的在于为招聘、选拔、培训、绩效管理等人力资源活动提供科学依据，从而优化人力资源配置，提升组织绩效。

(1)知识:指可以直接应用于完成工作任务的信息体系,包括专业知识、行业知识、公司文化等。

(2)技能:指从事某项工作表现出的熟练技艺,如沟通能力、团队协作能力、问题解决能力等。

(3)能力:指从事某项工作的经验与水平,如领导能力、创新能力、学习能力等。

(4)其他个性因素:指从事某项工作所表现出的品性、态度与兴趣等,如责任心、诚信度、积极性等。

4. 分析汇总阶段

分析汇总阶段是整个工作分析的最后阶段,是对有关工作性质、人员特征与要求的调查结果进行深入分析和全面总结。工作分析并不是简单机械地收集和积累某些工作标准信息,而是需要对工作的各方面特征和要求作出全盘考察,创造性地发现、分析和总结工作职务的关键成分。在分析和总结的基础上,提出"工作描述"和"工作要求"两种材料。常用的工作分析结果表示法有两类:一类以"工作说明书"或"工作规范表"的形式呈现,其内容包括工作性质和人员特征两个方面;另一类称为心理图示法,其内容侧重于详细分析任职者的具体特征。

(1)工作说明书。主要是对某项工作的性质、任务、责任、工作内容、处理方法,以及任职者的资格和条件的说明记录,工作说明书的格式见表6-1。工作规范表则主要是规定某项工作的基本职能、工作范围、目标、责任、控制方法、权限,以及与其他部门的关系等,并且提出对从事该项工作的人员在知识、技能和能力方面应具备的特定要求。工作规范表的格式见表6-2。

表 6-1 工作说明书的格式

职务名称:<u>销售部经理</u>　　　职务别名:销售部主任、主管
职务代码:<u>1137-118</u>　　　　制定时间:2024.01.20
(一)工作任务与权利
1.实施企业的销售计划,组织、指导和控制销售部的各种活动。全面、及时地向上级管理部门报告销售职务……
2.根据有关规定建议或实施对本部门员工的奖励或惩罚,可调用汽车……
(二)工作条件与物理环境
75%以上的时间在室内工作,办公室配备电话,常年工作地点在本市……
(三)社会环境
有**名副手,销售部工作人员有**人,直接上级是主管销售的副总经理,要经常交往的部门是生产部、财务部……
(四)待遇条件
每周工作**小时,国庆节假日放假,基本工资每月**元,职务津贴每月**元,每年完成全年销售指标奖金**元,超额完成部分再以**%提取奖金;本岗位是企业中层岗位,可晋升为销售副总经理或分厂总经理。每年可报销**元的差旅费用;公司免费提供市区**平方米以上住宅1套。

表 6-2　工作规范表的格式

工作名称＿＿＿＿工号＿＿＿部门＿＿＿＿				
职务＿＿＿＿工资＿＿＿				
技能	责任	能力		工作概况
所需教育 所需经验	对他人的安全 对他人的责任 设备或程序 材料的种类 产品的种类 其他责任	站＿＿＿＿＿＿＿＿＿＿ 坐＿＿＿＿＿＿＿＿＿＿ 攀登＿＿＿＿＿＿＿＿＿ 推举＿＿＿＿＿＿＿＿＿ 行走＿＿＿＿＿＿＿＿＿ 屈身＿＿＿＿＿＿＿＿＿ 其他＿＿＿＿＿＿＿＿＿ 重复＿＿＿＿＿＿＿＿＿ 间歇＿＿＿＿＿＿＿＿＿ 变化＿＿＿＿＿＿＿＿＿ 年龄＿＿＿＿＿＿＿＿＿ 身高＿＿＿＿＿＿＿＿＿ 体重＿＿＿＿＿＿＿＿＿ 注意力一般＿＿＿＿＿＿ 注意力集中＿＿＿＿＿＿ 注意力高度集中＿＿＿＿		地点 类型 环境 范围 危险 其他

（2）心理图示法是用图表或文字的描述来反映某职业任职者必须具备的心理特征的一种方法，根据表达形式的不同，可把心理图示法分为计分法、文字表达法和表格法。

计分法。首先把职业活动所涉及的心理能力归纳为 25～30 种类型，然后为每种能力的必要性和重要程度打分，最后把所需能力用折线连接起来。计分法对能力的计分采用 5 点量表（也可用 7 点或 11 点量表计分）。其中，1 分表示不需要这种能力；2 分表示不太需要这种能力；3 分表示可以考虑这种能力；4 分表示比较需要这种能力；5 分表示非常需要这种能力。分值越高，说明这种能力越必要和重要。用计分法描述的某企业质量检验工心理表（部分）见表 6-3。

文字表达法。文字表达法是用文字来描述某职业对任职者心理品质的具体要求，用文字表达可以突出对任职者所需主要的心理品质进行描述，而将不需要或不太需要的内容省略。用文字表达法描述的电话铃调整工人的心理表（删减）见表 6-4。

表6-3 质量检验工心理表(部分)

5点量表					心理能力
1	2	3	4	5	
○	○	●	○	○	控制能力
○	○	●	○	○	机械能力
○	○	○	○	●	手指能力
○	○	○	●	○	手臂灵巧
○	○	○	○	●	手眼协调
○	○	○	●	○	触摸能力
○	○	●	○	○	记忆能力
○	○	○	○	●	注意能力
○	○	○	●	○	判断能力
○	○	○	○	●	目测能力

表6-4 电话铃调整工人的心理表(删减)

心理品质	主要用途
①视觉方面 对物品差别的感受性(<1mm) 对很小距离的目测(1mm或<1mm)	用于发现铃盖上的缺口、压痕飞边、砂眼 用于确定铃钟在铃盖升槽上的位置
②听觉方面 音色的差别感受性	用于确定铃声的音质
③本体感觉 对应力细微差别的感受性	用于确定接触片自由转动的程度
④运动方面 双手动作协调	在装配零件时
⑤注意 注意力的集中	在倾听音质时,需区分铃声与其他噪声
⑥一般个性品质 沉着和耐心	

表格法。表格法是用表格的形式来描述某工作对任职者要求的品质、各种品质的重要性、训练时间等内容。用表格法描述的纺织工人心理表见表6-5。

表 6-5　纺织工人心理表

品质	程度									对于何种操作是必要的
	必要性				频率		训练			
	很必要	必要	有帮助	希望	经常	有时	高度	低度	无训练	
迅速认出不引人注目、照度很差或较远的对象	√				√		√			发现结头、断线及织物上的小孔
用触觉发现不明显的不平滑处			√	√			√			用手检查织物是否平滑
认出或区分出主要颜色			√		√	√				织彩色布料的工作
估计很短的时间间隔		√			√		√			织机停止在纱管尽头，以免寻找纬线的过程
迅速认出稍微偏离规定的形状		√			√			√		在织物上发现由于引错线而偏离原图样的情况

需要指出的是，这两类工作分析结果表示法各有利弊，在实际应用中，需要根据具体情况进行选用，或二者兼用。

5. 应用与反馈阶段

工作分析的应用与反馈阶段是工作分析过程的重要环节，主要涉及工作说明书的使用培训、使用工作说明书的反馈与调整等方面。

工作说明书的使用培训：在进行工作分析后，为了让实际从事工作人员充分理解工作说明书的意义与内容，应进行相应的使用培训。这有助于确保员工在实际工作中准确理解和运用工作说明书。

使用工作说明书的反馈与调整：随着组织与环境的发展变化，一些原有的工作任务会消亡，一些新的工作任务会产生，现有的许多职位的性质、内涵和外延都会发生变化。因此，应定期对工作说明书的内容进行调整和修订，以保持其时效性和准确性。此外，使用过程中得到的反馈也是工作说明书修订的重要依据。

总的来说，工作分析的应用与反馈阶段是一个持续的过程，需要不断地调整和完善，以确保工作说明书能够反映组织的实际情况，并为其人力资源管理提供有效的支持。

第二节　心理测量与人员选拔

在对工作充分了解的基础上，管理者还应有相应的办法从众多的应聘者中选出符合岗位要求的人员，达到人岗匹配，从而最大限度地发挥人的效能，这也是减少因不适应而造成的人因事故的一种预防性措施。

一、选拔的效用问题

"二战"期间,同盟国利用心理测量的手段从报名从军的年轻人中选拔适合到前沿阵地的士兵,大大提高了战斗能力、减少了不必要的伤亡。"二战"后,心理测量被广泛应用于各种人力资源管理活动,并被证明是一种有效的人员选拔方式。但不是所有的选拔方式都有效,就是说,有些选拔方式对预测员工未来的工作绩效效果不佳。选拔的效度问题可用信号检测理论的概念来说明。信号检测理论假定信号检测的结果只有两类:有或无,即有信号或无信号。而检测者的任务是在无处不在的噪声背景下,如何正确地检测出信号的存在。因此,检测结果可划分为两类:是或否,即检测到信号或只有噪声。结合信号的两种情况和检测者的两种检测结果可以组合出 4 种检测事件:击中、虚报、漏报和正确拒绝(图 6-2)。

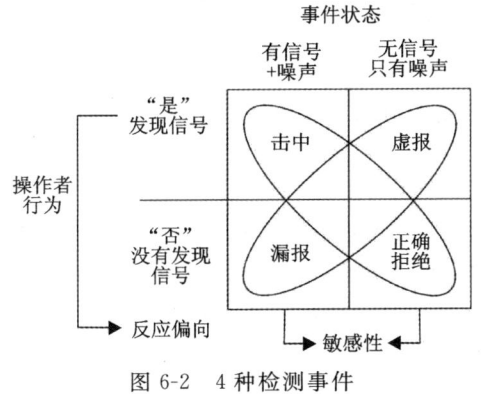

图 6-2 4 种检测事件

选拔人员就如同信号检测,击中是将合适的人员从众多应聘者中选出,雇用了合格的人;漏报则是没有雇用到合格的人,没有把合适的人员选出来;误报是选中了不合格或不合适的人;没有选择不合适的人称为正确拒绝。

增加击中率、减少漏报率显然是人员选拔的目标,这个问题取决于两个因素:一是反应敏感性;二是反应偏向。反应敏感性是对检测工具的要求,在人员选拔中即是对选拔方法的要求,好的选拔方法、科学的测量工具对符合工作所需的特征有更高的检测能力,即能很好地区分合适的人选和不合适的人选在测量结果上的差异。反应偏向则是对测量标准的要求,在人员选拔中,这个因素表现在工作分析对人员要求所作的分析和确定的标准方面。标准低,则有可能增加误报,雇用到不合适的人员,这意味着该员工在未来较差的安全绩效,增加组织的事故风险;标准过高或过窄,则有可能增加漏报,雇用不到合适的人,这不仅是未来绩效的损失,也意味着不公平的就业机会。

二、选拔测验和程序

心理选拔测验着重于心理能力的评估,而不是工作必需的知识的测量。常用的选拔测验集中在认知能力测验和人格测验上,结构化面试则是当前广泛使用的一种选拔程序。

1. 认知能力测验

人们在完成一项任务时往往需要用到多种能力的组合,认知能力测验对工作绩效的预测要好于其他测验,特别是对于复杂的工作,智力测验的预测效果更好。对于复杂程度较低的任务,运动协调和手的灵活性则更有预测作用。因此,对于待定的工作,需要选择预测效果最好的那些指标,如对于飞行员来说,言语和数字能力、机械知识、空间能力、感知速度和反应时就是很好的预测指标。

认知能力测验是衡量一个人学习及完成一项工作的能力的一种测验,这种测验通常涉及多种与学习和工作相关的能力。

典型的认知能力测验包括一般能力或智力、感知速度、知觉能力、记忆能力、言语能力、数字能力、推理分析能力及空间机械能力。认知能力测验因具体目的和要求而异,可以根据需要选择适合的方法来评估个体的认知能力水平。

2. 身体能力和心理运动能力的测量

有些工作需要一定的体力和心理运动能力,对身体的耐力、手的灵活性和肌肉运动的精确程度有较高的要求。世界卫生组织神经行为功能核心测试组合方法(NCTB)中就包括这样的测试,如圣他·安娜手工敏捷度测验主要测试手的操作敏捷度及眼-手快速的协调能力、目标瞄准追踪测试则是测试手部运动的速度及准确性。

3. 人格测验

人格测验近来在人员选拔中的应用越来越流行,主要用于评估个体的人格特质和行为模式。以下是几种常用的人格测验方法。

自陈量表法。这是最常用的一种方法,通过让个体回答一系列问题来评估其人格特质。这些问题通常涉及个体对自己的看法、态度和行为。如著名的艾森克人格问卷(EPQ)和卡特尔16种人格因素问卷(16PF)。

投射法。这种方法通过让个体自由表达自己的想法和感受,来揭示其潜意识中的人格特质。常用的投射法有罗夏墨迹测验和主题统觉测验(TAT)。

情境测验法。这种方法通过模拟现实生活中的情境,来观察个体在特定情境下的反应和行为。如模拟面试、角色扮演等。

行为评估法。这种方法通过对个体的行为进行观察和评估,来了解其人格特质。如观察个体的社交行为、工作表现等。

生理测量法。这种方法通过测量个体的生理指标,来评估其人格特质。如通过测量血压、心率等生理指标来评估个体的情绪状态和性格特征。

这些方法各有优缺点,应根据具体的测量目标和情境选择合适的方法。同时,人格测验的结果应谨慎解释,避免误导或产生负面影响。

4. 结构化面试

与客观的测验相比,面试对人员选拔的可靠性较差,但在已经通过客观测验的人选者中进行面试可以获得一些客观化测验无法获得的信息,如人际沟通能力、应变能力等。提高面试可靠性和预测效果的方法就是结构化面试。

结构化面试,首先根据对职位的分析,确定面试的测评要素,在每一个测评的维度上预先编制好面试题目并制定相应的评分标准,面试过程遵照一种客观的评价程序,对被试者的表现进行数量化的分析,给出一种客观的评价标准,尽可能减轻面试者效应对结果的影响。

与提问式的面试不同,结构化面试要求应聘者讲述自己认为的最近表现最好的工作情境,描述自己当时做了什么、说了什么,主考人员从中寻找与工作相关的并与选拔标准一致的行为予以打分。这种累计分数的面试比只根据"是"或"否"的回答进行评估的面试更有效。

三、确定工作负荷

在进行生产劳动时,参与工作的每个人都要承担一定的工作量,工作负荷就是指人体在单位时间内承受的工作量,是劳动者工作条件的一个指标,与劳动者的健康、收益和工作态度相关,也是人机系统设计的重要依据。如果工作超过人的能力限度,出现超负荷情形,则会导致工作压力增加、作业效绩下降、事故或差错发生率增加。如在监视、监控作业中,如果信息呈现速度超出人的通道容量,就会出现漏报、误报或反应延迟等情况。长期如此,会损害劳动者的身心健康。如果工作负荷远低于人的能力,劳动者则会因缺乏刺激而出现兴奋不足,降低工作效率,出现差错,还会因工作绩效不高影响收益。

(一)工作负荷的类型

工作负荷可分为体力工作负荷和心理工作负荷两类。

(1)体力工作负荷:指单位时间内人体承受的体力活动工作量,包括动态肌肉用力的工作负荷和静态肌肉用力的工作负荷。如果体力工作负荷过大,很容易引起劳动者动作姿势的变形;由于精力消耗过大,容易过度疲劳,对环境中的突发情况难以作出及时正确的反应,导致工作的安全性下降,出现差错和事故。由于每个人的体力所能承受的劳动强度不同,所以相同强度的工作对不同体质的人来说体力负荷是不同的,这点在进行人岗匹配时应当考虑。

(2)心理工作负荷:指单位时间内人体承受的心理活动工作量,主要反映在监视、监控、决策等不需要明显体力的工作职务中。心理工作负荷取决于工作的单调程度、工作速度、工作要求的精密度、工作要求决策的反应机敏程度、工作要求注意力的集中程度及持续时间、工作的后果。心理工作负荷较高的任务有飞行器驾驶、军事指挥、核能工厂的操作、医学麻醉、编写计算机程序、科学研究等。加拿大的一项调查表明,超过1/4的经理人和医务人员感到自己不能承受工作负荷的压力。造成这种情况,个体能力并不是主要原因,而在于这些工作除对能力有要求外,还要求个体付出大量的时间来完成工作,要在比别人更多的时间里从事更多超出自己能力范围的工作,其承受的心理压力之大是明显的。

(二)工作负荷的效应

无论是体力工作负荷还是心理工作负荷,只要与个体能力不相匹配,就会使个体处于压力状态,从而对劳动者的身心和行为绩效产生影响。但由于产生负荷的原因不同,体力工作负荷和心理工作负荷对人的影响有不同的表现,人们对两者的测量方式也不同。

1. 体力工作负荷的效应及测量

体力工作负荷对人生理方面的影响是全方位的。随着工作负荷的增加,人体的氧运输系统活动水平会提高,出现呼吸加剧、血压升高、体内多种物质(如乳酸、蛋白质、代谢酶等)含量发生变化的情况,人体内环境的平衡遭受破坏,严重时人体各系统功能出现衰竭。因此,对从事体力工作负荷高的员工进行工作负荷监测是职业安全与卫生工作的重要内容。

1)生理效应的测量

体力工作负荷导致的生理效应主要从人的呼吸和血液系统的工作状态进行考察。考察的指标有工作阶段的吸氧量、肺通气量和心率,恢复阶段的氧债和恢复心率,以及肌肉活动产生的肌电。

(1)吸氧量、肺通气量和心率。吸氧量,是指单位时间内人体所吸收的氧气数量;肺通气量,是指单位时间内人体呼吸气体交换的次数;心率,是指单位时间内心跳的次数。这3个指标是相互联系的,且都与工作负荷大小关系密切。人体工作时需要氧的消耗,体力工作负荷增大时,吸氧量就增大,所需要呼吸的次数就会增加,氧的运输又依靠以心脏为动力的血液循环来实现,吸氧量增加就需要心输出量和心率提高。实际工作中,心率的测量更容易实现,因此,在以上3个指标中,心率是最便捷常用的对体力工作负荷的测量指标。在运动中,如果要达到一定的锻炼效果,每次运动心率就应达到一定的值,这个值的一般计算方法为(220-年龄)×60%,为了不损伤身体,最高心率不宜超过由(220-年龄)×85%计算得到的数值。当心率在这两个值之间时,人体代谢为有氧代谢,在此状态下,人体代谢物主要成分是水和二氧化碳,可以很容易地通过呼吸输出体外,对人体是无害的。

(2)氧债和恢复心率。体力工作负荷高时,需要对氧债和恢复心率进行监测。氧债,是指负荷停止后,氧气的吸入量不能立即恢复到安静水平,需要额外的氧来偿还体力负荷过程中亏缺的氧。氧债的大小等于恢复期内的总吸氧量减去恢复期内的总安静吸氧量。当体力负荷强度较高时,氧需求量大,氧气供应欠缺,人体内的糖分来不及分解,而不得不依靠"无氧供能",会出现无氧代谢。导致无氧代谢的运动通常是速度过快、爆发力过猛的运动。运动过后,会出现肌肉酸痛、呼吸急促等现象。氧债累积时间越长、程度越严重,对人体的危害就越大,甚者可能会导致人体内脏器官功能的衰竭。

负荷结束后,由于氧债的存在,心率也不可能立即恢复到安静心率,这时的心率称为恢复心率。心率恢复状况常用心率恢复率来表示。心率恢复率为负荷心率和恢复心率之差与负荷心率和安静心率之差的比值。随着体力工作负荷的增加,心率恢复率降低;随着恢复时间的延续,心率恢复率逐渐升高。运动后恢复到安静心率时间延长,表示运动所致疲劳程度增加。

(3)肌电活动。工作负荷水平的变化还明显影响人体肌肉的电活动。在静态肌肉工作负荷情况下,肌肉轻度用力会在肌电图上出现孤立的、有一定间隔和一定频率的单个运动单位电位,并且电位较低,为单纯相;肌肉中等用力时,肌电图上有些区域电位密集,不能分离出单个运动单位电位,而有些区域仍可见到单个运动单位电位,为混合相;当肌肉进行强烈收缩时,肌电图上不同频率和波幅的运动单位电位相互重叠,无法分辨单个电位,为干扰相。

2) 生化效应

高体力工作负荷持续时间较长,还会引起人体内部各种生化物质含量的变化,通过对这些生化物质的测量也可以反映工作负荷大小。例如,在无氧运动中,通过无氧代谢产生非乳酸能和乳酸能,为运动提供能量,并在血液中形成乳酸代谢物。在渐增负荷运动中,血乳酸浓度随运动负荷的递增而增加,当运动强度达到某一负荷时,血乳酸出现急剧增加,这个增加点(乳酸拐点)称为"乳酸阈",反映了机体的代谢方式由以有氧代谢为主过渡到以无氧代谢为主。乳酸阈值越高,其有氧工作能力越强,在同样的渐增负荷运动中动用乳酸供能越晚,即在较高的运动负荷时,可以最大限度地利用有氧代谢而不过早地积累乳酸。个体在渐增负荷中的乳酸拐点为"个体乳酸阈",个体乳酸阈能客观和准确地反映机体有氧工作能力的高低。除乳酸外,随着工作负荷的增加,会发生变化的生化物质还有尿液中的蛋白质含量和代谢酶的活性。

3) 心理效应的测量

在承受体力工作负荷的过程中,劳动者会产生疲劳感、肌肉酸痛感、沉重感等各种主观感受,可以看作体力工作负荷导致的心理效应。

心理效应主要通过各种工作负荷的主观评定量表来测量。目前,常用的重要量表有博格(Borg)的"自我感知的劳累评价量表"。博格的量表分数从 6 到 20 变化,其中"7"为"非常非常轻","9"为"非常轻","11"为"比较轻","13"为"有点重","15"为"重","17"为"非常重","19"为"非常非常重"。该量表要求操作者根据承受负荷的主观体验作估计。研究发现,博格的量表分数与操作者负荷呈线性关系,并与劳动者的心率、吸氧量、肌电指标有较高的相关性,博格的量表评分值还能将不同动作的负荷较好地区分开来。

与博格的"自我感知的劳累评价量表"相似的主观评定量表还有"100mm 线评定量表",即给操作者呈现一条 100mm 的线段,两端分别标示负荷"非常非常轻"和"非常非常重",要求操作者根据主观体验在线段上选择相应位置。

4) 行为效应

体力负荷超出劳动者能力范围,会使劳动者的生理和心理发生变化,使操作者的操作效率和准确性降低,无法按照标准完成操作动作,成为事故的隐患。但工作负荷并不一定引发事故,工作负荷与事故的关系需要通过大样本的调查才能得出可靠的结论。

5) 体力工作负荷限制

人体承受的体力工作负荷过大,会对劳动者的生理、心理和行为都产生消极影响,因此,需要对体力工作负荷进行限制,使人体负荷处于可接受范围。

一般情况下,人们把个体在正常环境下连续工作 8h 且不发生过度疲劳的最大工作负荷称为最大可接受工作负荷水平,也称劳动强度的卫生限度。最大可接受工作负荷水平常用能耗量来表示。

我国劳动和社会保障部于 1983 年通过的《体力劳动强度分级》考虑了劳动时间和能量代

谢两个指标,1997年对该标准的修订考虑了更多影响劳动负荷的因素。一是把作业时间和单项动作能量消耗统一考虑,较如实地反映工时较长、单项作业动作耗能较少的行业工种的全天体力劳动强度,亦兼顾到工时较短、单项作业动作耗能较多的行业工种的劳动强度;二是考虑了体力劳动的体态、姿势和方式,提出了体力作业方式系数;三是考虑性别差异。

1997年颁布的《体力劳动强度分级》(GB 3869—1997)规定能量代谢率为某工种劳动日内各类活动和休息的能量消耗的平均值,单位为 $kJ/(min·m^2)$;劳动时间率为工作日内纯劳动时间与工作日总时间的比,以百分率表示;体力劳动性别系数中,男性系数为1,女性系数为1.3;体力劳动方式系数中,搬方式系数为1,扛方式系数为0.40,推/拉方式系数为0.05。综合考虑以上因素得到体力劳动强度指数,用于区分体力劳动强度等级。体力劳动强度指数越大,表明体力劳动强度越大(表6-6)。

表6-6 体力劳动强度等级表

体力劳动强度等级	体力劳动强度指数
Ⅰ	≤15
Ⅱ	15~20
Ⅲ	20~25
Ⅳ	>25

2. 心理工作负荷效应的测量

心理工作负荷效应的测量是为了解心理工作负荷的阈限,预测在特定环境下心理负荷工作能取得的成绩。心理工作负荷效应的测量方法包括生理测量(如心率和诱发电位)、作业测量(如作业数量和质量),以及对工作负荷的主观感受测量(如对工作难度的主观评价)。

1)生理测量

心理工作负荷引起的生理变化可以通过大脑诱发电位、瞳孔直径和心率变化来测量。大脑诱发电位,是指在大脑受到特定刺激物作用时,在一般脑电图的基础上出现的相对较大的电位波动,该电位波动的形式与刺激物的特性有密切关系。研究表明,随着主作业(听觉作业)难度增加,诱发电位的振幅出现系统下降。工作负荷对心率的影响主要表现在窦性心律不齐或心率变异下降,但平均心率不变化。此外,心理工作负荷的生理效应还可以从眼电、肌电、血压等方面测量。

2)作业测量

作业测量是基于心理工作负荷的资源理论对心理工作负荷效应的测量。无论是单资源理论还是多资源理论,都认为工作要求超出资源供应限制是心理工作负荷的心理机制,随着操作难度增大,所需资源随之增加,剩余资源相应减少,心理工作负荷随之上升,导致操作绩效下降。因此,对心理工作负荷效应的作业测量就是考察进行多项工作时,各项作业的完成情况。

通过不断改变操作的难度,测量每一次操作的绩效,就可以测量工作负荷情况,这种测量方法称为主作业测量。由于工作难度和资源使用并不是同步变化的,因此主作业测量难以确定操作难度、工作负荷和工作绩效之间的关系。

作业测量的另一种方式是辅助作业测量,即在从事主作业时,同时进行另一项辅助作业,通过测定辅助作业的绩效来评定主作业中的工作负荷状况。如果辅助操作作业绩效良好,就可以推断主作业工作负荷较低。常用的辅助作业有:节奏性敲击作业,可用手指敲击时间间隔的变异来反映主作业的工作负荷;随机数呈现作业,随着主作业工作负荷的增加,被试提出的"随机数"的随机程度将下降。

3) 主观感受测量

主观感受测量可以反映个体对所经历的工作要求的感受。对个体在完成各种任务时付出的心智努力的了解和预测心理工作负荷在什么程度下会导致作业水平的严重下降,对心理负荷理论和管理实践都有重要价值。

各种有关心理工作负荷主观测量的基础都来自被试对任务难度的直接估计。前面介绍的博格的"自我感知的劳累评价量表"也可用于心理工作负荷的主观评价。另外,还有配对比较法。配对比较法呈现给被试某一任务的所有可能的难度,并将这些难度配对,然后要求被试判断一对刺激中哪个更困难,这样可以得到某一难度与其他所有难度相比的结果。但要求被试做大量判断妨碍了这一方法的使用。

最初应用于飞行员工作负荷的 Cooper-Harper 量表经修订后也用于其他工作负荷的测量。该量表根据操作者对工作中存在的困难的判断将心理工作负荷分为 10 个等级,量表具体操作流程及心理工作负荷分级见图 6-3。等级越高,工作难度越高。

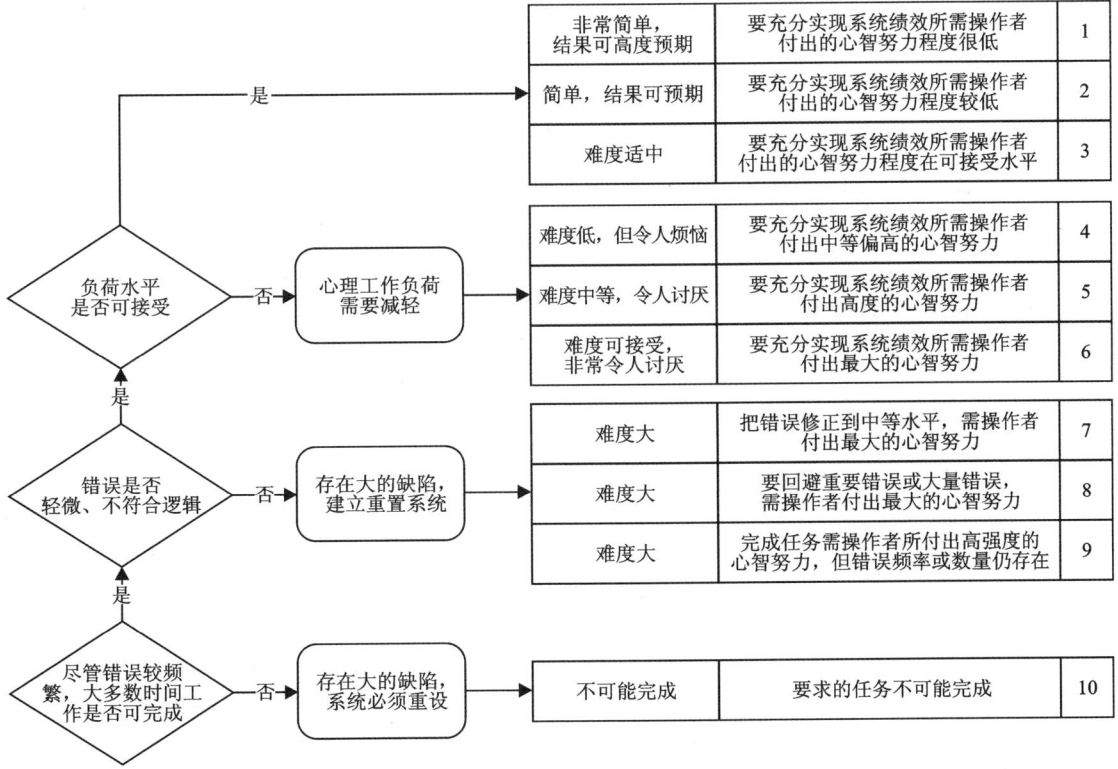

图 6-3　修订后的 Cooper-Harper 量表

SWAT 量表从时间负荷、心理努力负荷和压力负荷 3 个维度对劳动者自我感知的心理工作负荷进行测量,将心理工作负荷分为 3 个等级,见表 6-7。

表 6-7 SWAT 量表 3 个维度

时间负荷	心理努力负荷	压力负荷
负荷低:经常有空余时间,工作行为间的干扰或重叠很少	负荷低:几乎不需要有意识的心理努力来集中注意,行为基本上是自动的	负荷低:不存在混乱、危险、挫折或焦虑,容易适应
负荷中等:偶尔有空余时间,不同工作行为间有时会出现干扰或重叠	负荷中等:需要适中的有意识的心理努力或专注,因不确定性、不熟悉而产生的行为的复杂性适中,需要一定的注意集中	负荷中等:因混乱、挫折或焦虑导致的压力负荷适中,要令人满意地完成任务需要明显的补偿
负荷高:几乎从无工作空间、行为间总是出现干扰或重叠	负荷高:需要广泛的心理努力和专注,行为非常复杂,需要全部注意集中	负荷高:混乱、挫折或焦虑而导致的压力负荷程度高而强烈,需要极高的果断性和自我控制

第三节 工作设计与人机匹配

工作设计一般称为工作规划,它是总体规划设计的一部分,是从安全的角度,对总体规划中的安全问题进行全面考虑、单独设计,也可以说是总体规划设计中的安全设计。

在工作设计中,"人的因素"是一个不能忽视的重要条件。要设计好一个高效、安全的机器,不仅要有工程技术知识,还必须有生理学、心理学、人体测量学、生物力学等方面的知识。在工作设计中,为使整个人机系统高效、可靠、安全和操纵方便,必须对人与机器的特性进行权衡分析,使整个系统中人与机器达到最佳配合,即实现人机功能匹配。

一、人机功能特性比较

进行人机功能匹配,首先要了解人机功能特性。在人机系统中,人与机器所表现的功能是相似的,但各有特点。

1. 人的主要功能

在人机系统中,人主要有 3 种功能。

(1)人能够通过感觉器官接受环境信息,感知系统的作业情况和机器的状态。

(2)人能够通过大脑对信息处理进行记忆、分析和加工,并作出判断和评价,如作出继续、停止或改变操作的决定。

(3)人能够通过指令和四肢动作对机器进行操纵,如开关机器等。

2. 机器的主要功能

机器在人机系统中所表现的功能与人相似,具有 4 种功能。
(1)机器能够通过传感器和按键、键盘等装置接受信息和指令。
(2)机器能够通过储存装置储存信息。
(3)机器能够按照设计的程序对信息进行运算、加工和处理。
(4)机器能够通过本身的内部结构产生控制作用,控制运行的速度和力度;此外,机器还能借助信号把指令从一个环节传递到另一个环节。

3. 人机功能特性比较

在工作设计中,首先要按照科学的观点分析人与机器各自所具有的特点,以便研究人与机器的功能分配,从而扬长避短,各尽所长,充分发挥人与机器的优点,做到安全生产。人机功能特征可以从 10 个方面比较,见表 6-8。

表 6-8 人机功能对比

项目	人	机器
感受能力	能够识别物体的大小、形状、位置和颜色等特征,能够分辨不同音色和某些化学物质	能够接受超声、辐射、微波、磁场等人不能感知的信号,且在感觉速度方面优于人
操纵能力	能够进行各种控制,在自由度、调节和联系能力等方面优于机器,能"独立运行"	操纵力、速度、精密度、操作数量和范围等方面优于人,但不能"独立运行"
处理能力	有智力和主观能动性,有创造、辨别、归纳、演绎、综合、分析、记忆、联想、判断、抽象思维等能力,能发现事物运动规律,对问题提出见解和决策措施	无智力(智能机例外)和主观能动性,没有创造能力,只能按照程序设计机械地辨别、归纳、演绎、综合、分析、记忆、判断,不能对问题提出见解
学习能力	具有很强的学习能力,能阅读、归纳和判断,形成概念和方法	无学习能力
计算能力	计算慢且容易产生误差,不能进行高阶运算,但善于修正误差	计算快而精确,可进行高阶运算,但不善于修正误差
记忆能力	能够记忆大量信息,并进行多途径存取,擅长对原则和策略的记忆	能够迅速存取信息,信息传递能力、记忆速度和保持能力都比人高很多
工作效能	能够依次完成多种功能作业,但不能同时完成多种操纵和在恶劣条件下作业	能够在恶劣环境下工作,可同时完成多种操纵控制,单调、重复的工作也不降低效率

续表 6-8

可靠性	就人脑而言,可靠性高于机器,但在疲劳与紧急事态下,可能极不可靠,人的技术高低、生理及心理状况等对可靠性都有影响,能够处理意外的紧急事件	按照恰当设计制造的机器,能保持高速可靠性,但在超负荷情况下可靠性可能突降,其本身的检查和维修能力非常薄弱,不能处理意外的紧急事件
连续性	容易产生疲劳,不能长时间地连续工作,且受年龄、性别与健康状况等因素的影响	耐久性高,能长期连续工作,但需要适当维护
灵活性	通过教育训练,能够具有多方面的应变能力,适应和应付突发事件能力强	如果是专用机械,不调整则不能改变其作业用途

从表 6-8 中可以看出,人在复杂感受能力、信息处理能力、智力、综合判断能力、对情况的决策处理能力、灵活应变能力等方面优于机器;但在准确度、体力、速度和知觉方面能力有限。

机器在操纵力、速度、精确度、高阶运算能力、存储能力、连续作业能力和耐久性等方面优于人;但在性能维持能力、正常动作、判断能力、造价、运营费用方面受限。

二、人机功能匹配

1. 人机功能匹配的含义

对人与机器的特性进行权衡分析,将系统的不同功能分配给人或机器,叫人机功能分配。人机功能分配的目的是通过合理分配人与机器的功能,将人与机器的优点结合起来,取长补短,从而构成高效、安全的人机系统。

进行人机功能分配时,不仅要考虑人与机器各自功能的局限性,还要考虑机器的操纵程度高低对操纵者的要求,以及操纵者的功能限制对机器的要求,实现人机相互配合、相互补充、相互协调、相互匹配。反之,如果人机不协调或协调性差,人在操纵机器时就不会舒适和高效,甚至会造成违章操作。如操纵器、显示器、报警器设计上存在缺陷或未能达到最佳人机匹配而发生事故。此外,进行人机功能分配时,一方面还需要注意人监控机器,即使是完全自动化的人机系统,也必须有人监视,以便在异常情况出现时作出判断,下达指令;另一方面也需要注意机器监控人,机器通过各种安全装置监视人是必要的,它可以防止由人的失误而导致的系统故障。

2. 人机功能匹配的不合理分配

人机功能匹配改变了传统只考虑机器设计的思想,提出了设计要同时考虑人与机器两方面因素的思想,但是如果在设计中没有合理地分配人与机器的功能,同样会造成人机系统的不安全。在人机功能分配中,常见的不合理分配有以下几个方面。

(1)没有科学合理地进行人机功能分配,而错误地把适合人的功能分配给了机器,把适合机器的功能分配给了人。

(2) 没有考虑好机器的操纵程度高低对操纵者的要求，以及操纵者的功能限制对机器的要求，结果造成人承担的负荷或速度超过了人的能力极限。

(3) 没有根据人执行功能的特点找出人与机器之间最适宜的相互联系的途径与手段。

3. 人机功能匹配的原则

为了克服上述不合理的分配，科学合理地分配人与机器的功能，在人机功能分配时，根据人机功能特性，一般应该遵循的原则是：笨重的、快速的、精细的、规律性的、单调重复的、高阶运算的、大功率的、高温剧毒、对人有危害的操作等功能应该让机器承担，而人则适合于指令和程序的安排，图形的辨认或多种信息输入，机器系统的监控、维修运用、设计调试、革新创造、故障处理及应付突然事件等功能。

4. 人机功能匹配应该注意的问题

在工作设计时，为了确保人机系统高效、安全，进行人机功能匹配时，还要注意以下几个方面。

(1) 信息由机器的显示器传递给人时，应该选择适宜的信息通道，避免信息通道因过载而失误，同时设计应该考虑符合人机学的原则。

(2) 信息从人的运动器官传递到机器时，应该考虑人的能力极限和操作范围，所设计的控制器应该高效、安全、灵敏、可靠。

(3) 设计时，应该充分利用人与机器的各自优势。

(4) 使用人机结合面的信息通道和传递频率不能超过人的能力极限，并使设计适合大多数人。

(5) 要考虑机器发生故障的可能性，以及简单排除故障的方法和工具。

(6) 要考虑小概率事件的处理，对可能造成破坏的小概率事件要事先安排监督和控制方法。

第四节 工作环境及优化设计

工作环境是指人在生产活动中所处的自然环境和社会环境。自然环境主要包括微气候、光、色彩、噪声、振动、加速度、超重、失重、异常气压、电离辐射及非电离辐射等物理因素。社会环境主要包括群体协作、人际关系、安全文化、风俗传统等文化因素。

自然环境和社会环境都会对人的身心和安全产生影响。不良的工作环境，会对人的身心产生不良影响，引发作业者的不安全行为，造成工作失误甚至酿成事故。因此，建设良好的工作环境，尽可能消除不良环境对作业者的心理机能和心理状态的干扰，保护作业者的健康与安全，是安全工作中一个重要的问题。

一、微气候环境及优化设计

工作环境中的气候称为微气候，它包括工作环境的温度、湿度、气流速度（风速）和热辐射。微气候对人体与环境之间的热交换具有重要的作用,是决定人的作业效能、安全和健康的重要因素。

1. 微气候对人体的影响

(1)工作环境中的温度对人体的影响。工作环境中的温度不仅取决于大气温度,还受太阳辐射和作业场所中热源(如冶炼炉、化学反应锅和人体等)的影响。工作环境中的温度过高或过低都会对人的身心造成一定的影响。

人在高温环境下,出汗量增加,水盐代谢加快,进而导致血输出量增加,脉搏加速,胃液酸度下降,消化液分泌量减少,使消化吸收能力受到抑制;此外,高温环境还对中枢神经具有抑制作用,使大脑皮层兴奋过程减弱,影响注意力、记忆力和思维,进而在心理上使人产生烦躁情绪。中暑和热衰竭是高温作业中的易发病。人在低温环境下,体表温度降低,皮肤、血管收缩,流至体表的血流量下降甚至完全停滞,引发组织冻结,造成局部冻伤;引起人体全身过冷,导致皮肤苍白,脉搏和呼吸减弱,血压下降,以及血量、白细胞和血小板减少,凝血时间延长;影响手的精细运动灵巧度和双手的协调动作。长时间暴露于10℃以下,手的操作效率就会明显降低;此外,还会导致神经兴奋与传导能力减弱,出现痛觉迟钝和嗜睡状态,进而在心理上使人产生紧张、不安情绪。

(2)工作环境中的湿度对人体的影响。工作环境中的湿度取决于工作环境中的水分蒸发和蒸汽释放。它以空气的相对湿度表示。人们规定相对湿度在80%以上为高气湿,低于30%为低气湿。

空气相对湿度通过影响人与环境之间的热交换,进而影响人体的温热感。在高温环境中,如果相对湿度超过50%,人的汗液蒸发功能就会显著降低,感觉闷热,如果相对湿度低于30%,就会使人呼吸道黏膜干燥,感觉不舒适。在低温环境中,如果湿度过高,空气中的水分会从人体吸收部分热量,人会感觉阴冷。长期的低温高湿环境,容易导致关节疼痛等疾病。

(3)工作环境中的气流速度对人体的影响。工作环境中的气流速度不仅受外界风力的影响,还受室内外温差的影响。室内外温差越大,产生的气体对流就越大。气流速度主要影响人体与环境之间的热交换,以及人对空气的清新感。

(4)工作环境中的热辐射对人体的影响。工作环境中的热辐射主要是指红外线及一部分可见光。太阳及工作环境中的各种热源均能产生大量热辐射。当周围物体表面温度超过人体表面温度时,周围物体表面会向人体辐射散热,称为正辐射。相反,当周围物体表面温度低于人体表面温度时,人体表面则向周围物体辐射散热,称为负辐射。正辐射有利于人体吸热取暖,负辐射有利于人体散热降温,但在寒冷季节负辐射容易使人受凉、感冒。

应该强调的是组成微气候的各个物理要素对人体的影响是综合的。例如,湿度升高所带来的影响可由风速的增大来抵消。

2. 微气候与安全

不适微气候造成的心理状态不佳,会使人的责任感和生产积极性受到消极影响。另外,不适微气候造成的体能下降也会使人工作力不从心。研究表明,最佳的工作环境温度是20℃

左右,这时作业效率最高,出错率最低;当环境温度低于15℃或高于25℃时,人的思维和体力就开始受到影响,出现作业效率下降、出错率增大的现象;当气温高于30℃时,心理状态开始恶化,如开始烦闷、心慌意乱;当气温达到50℃时,人体一般只能忍受1h左右。环境温度对作业效率和相对差错率的影响如图6-4所示。

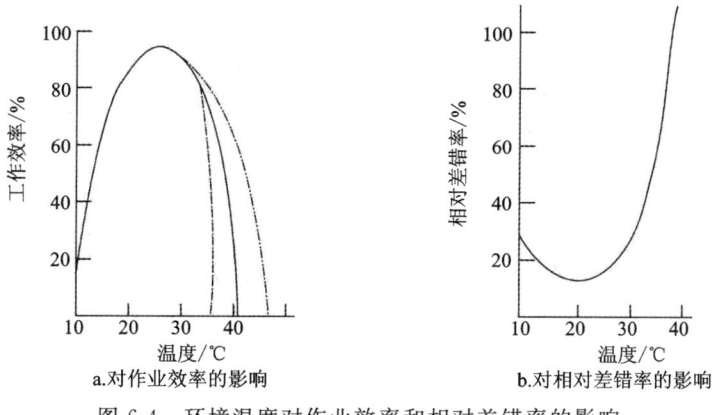

图 6-4 环境温度对作业效率和相对差错率的影响

3. 微气候环境的优化设计

1)高温环境作业的优化设计

高温环境作业的优化设计主要从技术、保健和生产组织3个方面进行。

(1)技术措施。主要有隔热、散热和排热等措施;隔热主要通过合理设计工艺流程和屏蔽热源来实现;散热主要通过降低湿度和增加气流速度来实现;排热主要通过换气和释放冷气来实现。

(2)保健措施。①合理供给饮料和补充营养。高温作业者大量出汗,应及时补充适当的水分与盐分,以免引起脱水或水盐代谢紊乱。②合理使用劳保用品。高温作业的工人,应穿戴好耐热、导热系数小、透气性好的工作服。③进行职工适应性检查。人的热适应能力有较大差别,患有心血管器质性病变、高血压、溃疡、肺、肝、肾等病患的人不宜高温作业。因此,就业前应该进行职工适应性检查。

(3)生产组织措施。①合理安排工作负荷。在高温环境下作业,工人不得不放慢作业速度或增加休息次数来维持肌体热平衡。因此,应科学合理地安排生产和休息的时间,并通过技术措施,尽量减少高温条件下作业者的体能消耗;②合理安排休息场所。作业者在高温作业时身体积热,需要适时离开高温环境进行休息,恢复热平衡机能。为高温作业者提供的休息室中气流速度不能过高,温度不能过低,否则会破坏皮肤的汗腺机能。温度为20～30℃时最适用于高温环境作业下身体积热后的休息;③职业适应。对于新上岗或重新从事高温作业者,应给予一定的适应时间,使其逐步适应高温环境。

此外,工作环境涂着冷色,会给作业者带来清凉的感觉,能起到心理降温的作用,心理降温常见的方法还有深呼吸、想象美好的事物等。

2)低温环境作业的优化设计

低温环境作业的优化设计可从技术、个体防护和提高工作负荷3个方面进行。

(1)技术方面。主要是做好采暖和保暖工作。

(2)个体防护。低温环境中,作业者应该穿热阻值大、吸汗性好、透气性强的御寒服装。

(3)提高工作负荷。提高工作负荷,可以使作业者降低寒冷感。但应该注意及时补充高热值的饮料、食物,以及工间休息。

此外,工作环境涂着暖色,会给作业者带来温暖的心理感觉。

二、噪声与振动环境及优化设计

1. 噪声对人体的影响

噪声是指由各种不同频率和不同声压级的声音杂乱组合而成的声音。在现代生产生活中,噪声是严重危害人体身心健康的三大公害之一。

(1)噪声对生理的影响。噪声能够对正常语言进行掩蔽,影响人的听觉和对危险信号的觉察;噪声还会引起脉搏加速、心律不齐、血压升高、供血减少,以及毛细血管收缩,引起新陈代谢的破坏和血液成分的改变。长期处于强噪声环境中,胃的正常活动会受到抑制,导致胃肠炎和胃溃疡发病率升高。90dB以上的噪声可以造成植物性神经系统功能紊乱、血压不稳、肠胃功能紊乱等。此外,噪声还影响人的视觉功能,造成视力下降、蓝绿色视野增大、红色视野减小。

(2)噪声对心理的影响。噪声影响人的情绪,使人紧张、烦躁、生气、多疑和易怒,更加具有侵犯性。噪声会干扰、分散人的注意力,意外的强噪声会惊扰人的注意,使正在进行的活动和思路瞬间停止。高声压级噪声使大脑皮层兴奋和抑制失调,脑功能紊乱,对心理产生压制,改变血压,导致烦躁、幻觉等。

2. 噪声与安全

噪声不但影响作业效率,同时也影响工作质量和安全。

(1)对于脑力劳动,需要高度技巧、精力高度集中的工作,噪声会影响人的注意力和思路,引起差错,降低作业效率;而对非常单调的工作,中等强度的噪声却像一只闹钟,反而会产生有益的效果。

(2)对于需要经过学习后才能从事的工作,噪声将会降低工作质量;对于不需要集中精力进行的工作,人会对中等噪声级的环境产生适应,但要保持原有的生产能力,需消耗较多的精力,从而加速疲劳。

(3)强噪声环境能够遮蔽危险报警信号和交通运行信号,易诱发事故。

3. 噪声作业环境的优化设计

(1)噪声源的控制。消除与降低噪声首先应选择低噪声的设备,选用噪声小的材料,或通过改善生产工艺、改进机械产品设计、合理设计传动装置等方式,使噪声源产生的噪声强度减小。另外,封闭噪声源或调整噪声源方向也是消除噪声的有效途径。封闭噪声源一般利用隔音材料、隔音间、隔音罩将产生噪声的机器密封起来;调整噪声方向一般将噪声出口指向天空或旷野。

(2)噪声传播的控制。全面考虑工厂的总体布局,将噪声车间设置在远离行政办公场所与居民区处,并在车间周围建隔声墙、防护林、草坪,在建筑物内墙、天花板、地面等处装上吸声材料。控制噪声传播的途径主要有隔声、吸声、消声、隔振和减振阻尼。①隔声是利用隔声性能良好的墙、门、窗、罩等,把噪声源与周围环境隔绝起来,也可以把需要保持安静的场所与周围环境隔绝起来,如建立隔音操作间、休息室等。②吸声是利用玻璃棉、矿渣棉等多孔材料做成一定结构,安装在室内墙壁或吊在天花板上,吸收室内的反射声,或安装在消声器或管道内壁上,增加噪声的衰减量。③消声是在产生噪声的设备上安装消声器,消除机械气流噪声。④隔振与减振阻尼是在机械设备下面安装减振器或减振材料,以减少或阻止振动传到地面,常用的减振器有弹簧类、橡胶类、软木、毡板、空气弹簧和油压减振器等。减振阻尼是将阻尼材料涂刷在薄板的表面,以减弱薄板的振动,降低噪声辐射。常用沥青、塑料、橡胶等高分子材料做阻尼材料。

(3)个人防护。护耳器是个体防护噪声的常用工具,种类有耳塞、防声棉、耳罩、帽盔等。

(4)音乐调节。与噪声相反,音乐能够减轻作业者的精神紧张,缓解单调感和精神疲劳,提高作业效率和生产安全。1921年美国的盖特伍德(Gatewood)成功利用音乐提高了建筑工人的制图作业效率。"二战"时期,为了提高作业效率,还产生了背景音乐和产业音乐。

4. 振动对人体的影响

振动是指物体沿直线或弧线经过某一平衡位置的往复运动。在生产生活中,接触振动的作业很多,振动对人体身心健康的危害十分严重。

(1)振动对生理的影响。振动影响人的视觉认知能力、信息处理能力、操作能力和运动协调能力。长期接触强烈的振动,人的循环系统、消化系统、神经系统、血液循环系统、呼吸系统、新陈代谢会受到不同程度的影响,出现晕眩、呕吐、恶心、平衡失调等现象。强烈振动能造成骨骼、肌肉、关节和韧带损伤,当振动频率和内脏的固有频率接近时,还会造成内脏损伤。

(2)振动对心理的影响。对刚超过感觉阈值的振动,人们一般感觉不到不舒适,多数人是可容忍的;当振动强度大到一定程度,人就感到不舒适,这时并没有生理上的影响;振动强度进一步增加,超过疲劳阈值时,人的精力、注意力、作业效率都会受到影响,一般振动停止后,这些影响可以消除;振动的强度继续增加,超过危险阈值时,不仅会对心理、生理产生影响,还会导致病理性的损伤和病变。

5. 振动与安全

由于振动干扰视觉,影响手的动作,精力也难以集中,从而造成操作速度下降、作业效率降低,诱发事故。

6. 振动作业环境的优化设计

很多情况下,振动是不能完全消除或避免的,对振动的防护主要是如何减少和避免振动对作业者的危害。采取的措施主要有以下几个方面。

（1）技术措施。通过工艺设备、操作方法，以及改进作业工具和加装减振器等措施，可以减轻振动的强度。

（2）组织管理措施。制定科学合理的劳动制度，适当安排工间休息，实施人员轮流作业等措施，可以减轻振动对人体的伤害。

（3）保健措施。①合理使用劳动防护用品，防振的劳动防护用品主要是防护垫；②实施作业前体检和定期体检，并做好振动病的早期防治。

三、光与色彩环境及优化设计

在作业过程中，大约80%以上的信息是由视觉得到的，良好的光环境能减轻视疲劳，减少工作失误，提高生产安全。

1. 照明对人体的影响

1）照明对生理的影响

（1）照明对眼睛的影响最大。光照适宜，能提高近视力和远视力；光照条件差，会导致视觉效率下降，引起视疲劳，甚至会造成眼的各种折光缺陷或提早老花。光照太强，会造成视野内亮度过高或对比度过大，使人感到刺眼而不舒服。这种刺眼或耀眼的强光叫眩光，眩光会使视觉模糊，也会减弱物体与背景间的对比，导致视疲劳。光照很强，会对眼睛造成伤害，如直视激光，会造成黄斑烧伤。

（2）照明还会影响人的中枢系统和肌体活动。光照适宜，视觉活动过程开始兴奋，高级神经系统的活动和整个肌体的活动也因兴奋而得到加强；光照不足，视觉活动过程开始减慢，整个神经中枢系统和肌体活动也将受到抑制。长期在低质量光环境下工作，不仅会引起眼睛局部疲劳，也会引起全身性疲劳。

2）照明对心理的影响

（1）照明影响人的情绪。明亮的环境使人心情愉快，阴暗的环境使人压抑，照度太强或有眩光会使人烦躁、厌烦、紧张。

（2）光照条件差还容易引起认知错误，降低人的观察力，使人辨识困难，产生疲劳与正确辨识之间的动机斗争，造成犹豫和反应迟缓，对人的意志和兴趣产生消极影响，导致人产生挫折感，影响思维能力和想象力，并影响记忆力。

2. 照明与安全

事故的数量与工作环境的照明条件有密切的关系。事故统计资料表明，事故产生的原因是多方面的，但光照不足是重要的影响因素。光照不足引起的视力下降、视觉损伤和视疲劳，常常导致作业效率的降低和事故的发生。相反，光照适宜可以减轻视疲劳，有助于提高工作兴趣、工作速度和精确度，减少差错率，有助于提高作业效率。但照度过强或有眩光，又会破坏暗适应，产生视觉后像，导致视觉机能的降低，使作业效率显著降低。

3. 工作环境中照明的优化设计

工作环境的照明要符合安全生产的要求,要达到眼睛舒适和视觉优良的效果,就必须保证照度适宜,照明均匀、稳定,适当的亮度对比等要求。

(1)适宜的照度,避免眩光。照度是表示被照物体明亮程度的物理量,是指被照面单位面积上的光通量。照度不足、照度过大或有眩光,都会引起视疲劳,影响作业效率和生产安全。

(2)照明的均匀性。照明的均匀性是指在视野内的亮度对比及其在视野分布的情况。如果工作表面亮度很不均匀,当眼睛从一个表面移到另一个表面时会发生视适应,使视力出现短暂的下降,影响作业效率和安全生产。

(3)照明的稳定性。照明的稳定性是指光源不产生频闪。照明的稳定性直接影响照明的质量,人在明暗频闪的环境中工作,也会发生视适应,若频繁地出现这种情况,就会产生视疲劳,影响作业效率,诱发事故。为此,在需要频繁改变亮度的场所,应采用缓和照明,避免光亮度的急剧变化。

(4)光色效果和光源选择。光色包括色表和显色性。色表就是光源所呈现的颜色,光的显色性就是光源的光照射到物体上所显现的颜色。例如,日光照射下各色物体都显示真色,而在低压钠灯照射下,蓝布发生颜色失真,显现黑色。显色性除了与光源的光谱成分有关,还与照明的强度有关,在弱的照明条件下,暖色调接近于红色,冷色调接近于绿蓝色。在微光下,除天蓝色外,其他颜色很难分辨。在照明设计中,应该最大限度地选择自然光,选择人工光源时,其光谱成分也应尽量接近于自然光。

(5)亮度的对比分布。在视野内存在不同亮度,且有一定的反差时,就容易分辨前后、深浅、高低和远近,且会使人感觉舒适,动作活跃,能够提高作业效率。但如果只是工作面明亮而周围较暗时,动作会变得稳定、缓慢。如果四周很昏暗,就会引起不愉快的感觉,导致作业效率下降。

4. 色彩的三要素

为了鉴别和分析色彩的变化,人们提出了色调、明度和彩度三要素作为鉴别色彩的标准。

色调是一定波长的光在视觉上的表现,即红色、橙色、黄色、绿色、青色、蓝色、紫色的色感。

明度是指颜色的亮暗程度,即颜色的明暗与深浅。例如,红色就有紫红色、深红色、浅红色等深浅之分;再如,在红色、橙色、黄色、绿色、青色、蓝色、紫色中,蓝色和紫色的明度最低。红色和绿色明度中等,而黄色明度最高。在非彩色中,白色明度最高,黑色明度最低。

彩度又叫纯度,是指某种颜色含该色量的饱和程度。波长越单一,颜色越纯和、鲜艳。当某一种颜色达到饱和,而又无白色、灰色或黑色渗入时,即呈纯色;若有黑色、灰色渗入,即为过饱和色;若有白色渗入,即为未饱和色。标准色的彩度最高(其中红色最高,绿色稍低,其他颜色居中),白色、灰色、黑色的彩度最低,为零。

5. 色彩对人体的影响

1) 颜色对生理的影响

颜色的生理作用主要表现在对视疲劳的影响上。就引起视疲劳而言,蓝色、紫色最深,红色、橙色次之,黄绿色、绿蓝色、绿色、淡青色等颜色引起的视力疲劳最轻。颜色的生理作用还表现在眼睛对不同色光有不同的敏感性,其中眼睛对黄色最敏感,故常用黄色作警戒色。此外,颜色对人的生理机能也有影响。例如,红色会使人的各种器官机能兴奋和不稳定,有促使血压升高及脉搏加快的作用。而蓝色则会使人的各种器官机能稳定,起降低血压及减缓脉搏的作用。黄红色有增加食欲的作用。绿黄色及紫色在心理上起中性作用。

2) 颜色对心理的影响

(1) 色调的心理效应。不同的色调,对人的心理有不同的影响。常见颜色的心理效应见表 6-9。

表 6-9 常见颜色的心理效应

颜色	心理效应
红	激情、热烈、喜悦、吉庆、革命、愤怒、焦灼
橙	活泼、欢喜、爽朗、温和、浪漫、成熟、丰收
黄	愉快、健康、明朗、轻快、希望、明快、冠名
绿	安静、新鲜、安全、和平、年轻、生机、活力
蓝	空旷、沉静、舒适、淳朴、端庄、稳重
青	沉静、冷静、冷漠、孤独、空旷
紫	庄严、不安、神秘、严肃、高贵
白	纯洁、朴素、纯粹、清爽、冷酷
灰	平凡、中性、沉着、抑郁
黑	黑暗、肃穆、阴森、忧郁、严峻、不安、压迫

根据颜色对人的心理效应,一般把颜色分为暖色系、冷色系和中性色三大色系,不同色系的颜色和心理效应见表 6-10。

表 6-10 不同色系的颜色和心理效应

色系	颜色	冷暖色	兴奋和抑制感	进退感
暖色系	红、橙、黄	感觉温暖	感觉兴奋	感觉近
中性色	绿、黄、青	不冷不热	—	感觉近
冷色系	黄绿、紫	感觉寒冷	感觉沉静	感觉远

(2)明度的心理效应。不同的明度,对人的心理影响也不同。明度的心理效应见表6-11。

表6-11 明度的心理效应

明度	颜色	心理效应
明调	含白成分	透明、鲜艳、悦目、爽朗
中间调	平均明度及面积	呆板、无情感、机械
暗调	含黑成分	阴沉、寂寞、悲伤、刺激
极高调	浅灰	纯洁、优美、细腻、微妙
高调	中灰	愉快、喜剧、清高
低调	灰黑	忧郁、肃穆、安全、黄昏
极低调	黑加少量白	夜晚、神秘、阴险、超越

明度的上述心理效应还会引起人们心理上的其他感觉,不同色系的心理效应见表6-12。

表6-12 不同色系的心理效应

明度	轻重感	轻松和压抑感	软硬感	清洁感
高	感觉轻	感觉轻松	感觉柔软	感觉清洁
低	感觉重	感觉压抑	感觉坚硬	感觉肮脏

(3)彩度的心理效应。不同的彩度,对人的心理影响也不同。彩度的心理效应见表6-13。

表6-13 彩度的心理效应

彩度	颜色	心理效应
鲜艳度	含白成分	鲜艳、饱满、充实、理想
灰度	含黑及其他色成分	沉闷、混浊、烦恼、抽象

6. 工作环境中色彩的优化设计

营造良好的色彩环境,可以改变人对工作环境的印象,达到以下效果:①增加明亮程度,提高照明效果;②标志明确,识别迅速;③改变人的情绪和注意力,减少差错率,提高作业效率和生产安全;④使人感到心情舒畅,减轻疲劳;⑤改变人对工作环境的温度感;⑥使工作场所变得清新、洁净,增加环境的安静感。

(1)工作环境用色。颜色的选用应考虑颜色的生理和心理效应,以及工作环境的用途和性质。

色调。首先,色调的选择必须结合工作环境的特点和性质,选择暖色还是冷色应考虑如何恰当地改变人们对温度、宽窄、大小、情绪、安全、舒适、疲劳等的心态,以及某些影响生理过程的需要;其次,色调不能单调,否则容易引起单调感,加速视疲劳;最后,色调组合要有对比感,并能产生协调、渐变的效果。一般上方应设置较明亮的颜色,下方设置稍暗的颜色,反之,会产生头重脚轻的负重感。

明度。任何工作环境都要有合适的明度。明度不能太高和太悬殊。

彩度。彩度不能太高,否则将给人以强烈的刺激,令人感到不安,并分散注意力。除警戒色,一般在设计时都要避免使用彩度高的色彩。

(2)机器设备和工作台面用色。机器设备的主要部件、辅助部件、控制器、显示器的色彩应按规范的要求配色。为了防止误操作,主要部件、可动部分和特别需要注意的地方也应涂以特殊色彩。

具体应注意以下几个方面:①设备、工作台面的配色应该与其功能相适应。一般工业设备外表和外壳宜采用黄绿色、翠绿色、浅灰色和驼色等颜色;②设备、工作台面的配色应该与环境色彩协调一致;③危险与示警要醒目。例如,消防设施大都用彩度较大的红色;④控制器、显示器和关键部位的配色要不同于背景用色,以利识读。按钮、开关等均应使用不同的色彩编码,例如,绿色按钮表示"启动",红色按钮表示"停止"等;⑤加工物件与机器、工作台面间的配色和亮度必须有显著的差异,形成色彩对比,加强视觉识别能力。若加工物件色彩鲜明,机器则配灰色;若加工物件色彩暗淡,机器则配鲜明色彩。

(3)安全标志用色与技术标志用色。用色彩传递安全信息,能够使人们迅速发现和分辨安全标志,早已被世界各国所采用。国家标准规定安全色为红色、黄色、蓝色、绿色四色,相应的对比色为非彩色。安全色和对比色见表6-14。

表6-14 安全色和对比色

安全色	含义	对比色
红色	停止、禁止、高度危险	白色
蓝色	指令、必须遵守的规定	白色
黄色	警示、注意、小心行动	黑色
绿色	提示、安全状态、正常通行	白色

色彩也应用于技术标志中,表示材料、设备或包装物。一些管道的色彩标志见表6-15。

表 6-15　一些管道的色彩标志

种类	色彩	标准色	种类	色彩	标准色
水	青	2.5PB5/5	酸	橙	—
汽	深红	2.5R3/6	碱	紫	2.5P5/5
空气	白	N9.5	油	褐	7.5YR5/6
氧	蓝	—	电气	浅橙	2.5Yr9/6
煤气	黄	2.5Y8/12	真空	灰	—

(4)其他方面用色。色彩可以从心理上减轻人们对环境污染因素的不良感受。例如,选择彩度高、明度低的色彩(如红色、青紫色)可在某种程度上减轻人对空气中毒物和粉尘污染的不良感觉。

思考题

1. 工作分析的定义是什么？它对人机匹配有何重要性？
2. 如何进行工作分析,以确定人机之间的最佳匹配？
3. 探讨不同类型的工作分析方法,如何选择适合的方法来评估工作需求和要求？
4. 工作分析应考虑哪些因素？如何确定人的能力与机器的性能之间的匹配程度？
5. 如何通过工作分析识别人机匹配中的潜在风险和问题？
6. 如何根据工作分析的结果,对机器和人员进行适当的调整,以达到更好的匹配效果？
7. 探讨人机匹配对工作效率和员工满意度的影响,如何通过优化匹配来提高绩效和减少压力？
8. 如何评估人机匹配的效果？有哪些指标可以用来衡量匹配的成功与否？
9. 探讨未来人机匹配的发展趋势,如何应对新的挑战和机遇？
10. 如何培养员工的技能和能力,以适应人机匹配的变化和发展？

【实例11】 某化工厂的安全监管岗位工作分析

一、案例背景

某化工厂为了加强安全生产管理,设立了安全监管岗位。该岗位的主要职责是确保工厂生产过程中的安全,预防各类事故的发生。然而,在实际工作中,该岗位员工面临着诸多安全风险和挑战,如化学品泄漏、设备故障、操作失误等。为了更好地履行职责,提高安全监管的效果,人力资源部门决定对该岗位进行工作分析,以明确其职责、要求和任职资格。

二、工作分析方法

工作分析主要采用以下方法。

(1)访谈法。与安全监管岗位的在职员工和其上级进行深入访谈,了解他们在工作中面临的安全风险、应对措施,以及所需的技能和知识。

(2)观察法。对安全监管岗位的工作现场进行实地观察,了解工作环境、操作流程,以及潜在的安全隐患。

(3)案例分析法。收集该岗位在实际工作中遇到的事故案例,对其进行分析,提取关键信息,为制定工作说明书提供依据。

(4)心理测评法。运用心理测评工具对候选人进行评估,选拔具备安全意识、责任心和应对压力能力的候选人。

三、工作分析过程

(1)确定分析目标。明确安全监管岗位的工作分析目标,包括岗位职责、要求和任职资格等。

(2)设计访谈提纲和观察表。根据目标制定访谈提纲和观察表,确保收集信息的针对性和有效性。

(3)收集事故案例。从公司内部档案和外部报道中收集安全监管岗位涉及的事故案例。

(4)实地观察。对安全监管岗位的工作现场进行实地观察,了解工作环境、操作流程,以及潜在的安全隐患。

(5)分析数据。对收集到的数据进行分析,提取关键信息,为制定工作说明书提供依据。

(6)制定工作说明书。根据分析结果,制订安全监管岗位的工作说明书,明确岗位职责、要求和任职资格。

四、工作分析结果

通过工作分析,得出以下结论。

(1)岗位职责。安全监管岗位的主要职责是确保工厂生产过程中的安全,预防各类事故的发生,具体包括检查设备运行状况、监督员工操作、发现并排除安全隐患等。

(2)工作要求。该岗位员工需要具备较强的安全意识、责任心和应对压力的能力。他们需要具备丰富的安全知识和技能,能够及时发现并处理潜在的安全风险。同时,他们需要具备良好的沟通协调能力和团队合作精神,以确保生产过程中的安全问题得到及时解决。

(3)任职资格。为了胜任该岗位,员工需要具备相关专业背景和一定的实际工作经验。他们需要经过系统的安全培训,并取得相应的资格证书。此外,具备紧急情况的应急处理能力也是该岗位的重要要求。

五、总结与建议

通过工作分析,明确了安全监管岗位的职责、要求和任职资格。为了更好地履行职责并提高工作效率,建议采取以下措施。

(1)加强员工的安全意识和培训,确保他们具备足够的安全知识和技能。

(2)定期进行工作分析,评估岗位职责和要求的变化,并及时调整工作说明书。

(3)建立健全的绩效考核体系,将安全绩效作为重要指标,激励员工更好地履行职责。

第七章 企业管理心理因素与安全

企业管理是对企业的生产经营活动进行计划、组织、指挥、协调和控制等一系列职能的总称。安全管理属于企业管理的一个重要组成部分。对于安全管理，企业需要以"以人为本"作为管理活动的中心，它的结合点在于人的心理效应，人既是管理的主体（即管理者），又是管理的客体（即被管理者）。企业中每个人都处在一定的管理层次上，心理活动的基本点和行为表现均有差异，在管理形式上既管理他人，又被他人所管理。因此，通过管理活动上下衔接形成一条"以人为本"的管理链，离开人，就无所谓管理。管理又是生产力，而且是生产力中至关重要的"软件"，只有不断开发与应用，才能提高现代管理水平。对于企业安全管理来说，需要重视管理中人的因素，重视人的心理活动与心理因素，这样才能更好地做好安全管理工作。

第一节 领导行为与安全心理

安全管理同其他管理一样，离不开领导者的作用。企业安全管理机制中的一个重要因素，是这个企业与安全有关的各级领导者的行为特性。不同的领导行为特性会带来不同的安全管理工作效率，而领导的行为特性又是由不同的领导心理决定的。因此，在研究安全管理心理问题的同时，研究安全领导和安全领导心理问题成为安全管理心理学中的一个重要前沿课题。

一、安全工作需要安全领导

（一）领导的概念

在汉语里，"领导"既是名词又可作动词。人们习惯地把领导人称为领导，同时把领导者的行为也称为领导，事实上，领导者与领导是两个不同的概念。在管理心理学中，为了便于对管理过程中领导者的心理和行为进行分析，一般有意将"领导"与"领导者"这两个概念区别开来。

什么是领导？概括地说，领导是某个人指引和影响其他个人或群体，在一定条件下实现某种目标的行动过程。而对他人实施影响、致力于实现领导过程的人，即为领导者。

领导者是组织中那些有影响力的人，他们可以是组织中拥有合法职位的、对各类管理活动具有决定权的主管人员，也可以是一些没有确定职位的权威人士或非正式群体中的"头领"。领导是领导者运用权力或威信对被领导者进行引导或施加影响，以使被领导者自觉地与领导者一道去实现群体目标的过程。领导是管理的基本职能,它贯穿于管理活动的整个过程。

(二)领导的基本功能

领导者在领导活动中所表现出来的行为就是领导行为,领导行为的影响和作用体现为领导功能。领导的基本功能可以分为组织功能和激励功能两个方面。

1. 领导的组织功能

实现行动的目标是领导过程的最终目的。围绕这个目的,生产企业的领导者必须根据企业的内外部条件、生产需要与可利用资源,制定企业的目标与决策,建立组织管理机构,科学合理地使用人力、物力、财力,实现最终生产目标。领导者在实施领导的过程中,只有通过有效的组织,提供合适的工作环境和条件,才能引导(影响)被领导者实现行动目标。

2. 领导的激励功能

所谓激励,就是调动被领导者的积极性、主动性、创造性的过程。激励功能是领导的主要功能之一。对于领导者而言,组织功能尚可借助他人的知识与能力实现,而激励功能是不能借助于他人的。任何一个领导者,若不能发挥好领导的激励功能,目标与决策再好,组织机构再合理,管理再科学化、现代化,也不能很好地实现组织与企业的目标。领导的激励功能主要体现在:提高被领导者接受和执行目标的自觉程度,激发被领导者实现组织目标的热情,提高被领导者的行为效率。

(三)企业领导者常采用的激励手段

企业领导者常采用的激励手段包括以下几个方面。

(1)职工"参与"激励。即将组织目标与职工的个人目标(利益、需要、方向)统一起来,实行参与式的民主管理。发动职工参与制定目标,进行决策,增加组织目标与决策的透明度,提高职工接受和执行组织目标的自觉性与积极性。

(2)领导者"榜样"激励。即领导者以身作则,在职工中起模范带头作用,这对于调动职工的积极性是至关重要的。

(3)职工需要"满足"激励。即合理地满足职工的各层次的多种需要,激发职工实现组织目标的热情。

(4)职工素质"提高"激励。即在领导者的支持、帮助、关心、培养和使用下,职工通过自身素质的提高,提高实现组织目标的期望水平,从而能够更好地工作。

二、安全领导的作用

1. 安全领导与安全管理的区别

在现代企业安全生产工作中,安全领导和安全管理均不可缺少,两者是一种相辅相成的关系。管理与领导的概念既有联系,又有区别。安全领导(安全领导者)和安全管理(安全管理者)有如下区别。

(1)安全领导要研究企业安全生产中带有全局性、宏观性或战略性的问题,强调的是确定安全方针、阐明安全形势、构建安全远景规划、制订安全生产战略等;安全管理则是研究具体的安全工作与问题,强调的是制订详细的安全工作日程,安排几个月或一年的工作计划,分配必需的资源,以实现组织的安全目标。

(2)安全领导者的任务是解决单位或组织中安全与生产之间带有方向性、战略性、全局性的问题;安全管理者的职责是进行危险辨识、安全评价、安全措施计划、安全控制、事故管理等工作。

(3)企业的安全领导者与一般领导者是融为一体的,是在组织或团体中具有权力、地位(职务)或相当影响力的人物,一般是企业的最高领导者或由其委托的其他高层领导者;而安全管理者除专门从事安全管理工作的人员外,还包括各个基层的领导人。安全管理者的人数要多于安全领导者。

(4)安全领导侧重激励和鼓励员工,授权给员工,鼓励他们通过满足自己的需求实现安全生产;安全管理意味着完成安全生产活动,支持、控制日常工作。

(5)安全领导者一般是带着情感进行活动,他们探索的是形成安全的思想和文化,而不是作出反应,他们的活动是为企业长期的、高水平安全发展问题提供更多可供选择的解决方案;安全管理者则是事务型的,更喜欢同别人一起工作,共同解决安全问题,但工作中很少包括情感因素,他们采取措施增强规范性、减少不确定性。

2. 安全领导影响力

影响力是指一个人在与他人的交往中,影响和改变他人心理与行为的能力。安全领导影响力,是指安全领导在管理过程中,影响和改变他人心理与行为的能力。依据影响力发生作用的性质,可分为权力性影响力和非权力性影响力两类。

权力性影响力也称为强制性影响力,它由社会赋予个人的职务、地位、权力等因素构成。这种影响力并非人人都有,仅仅属于社会结构中居于领导者角色地位的人才有。权力性影响力的特点是,对别人的影响带有强迫性与不可抗拒性,以外推力的形式发生作用。在它的作用下,被影响者的心理和行为主要表现为被动、服从。因此,它对人的心理与行为的激励是有限的。

非权力性影响力也称为自然性影响力,这种影响力与法定权力无关,它不是外界所赋予的,而是由影响者的自然状态所引起的。只要有合适的被影响对象,这种影响力人人可以具有。非权力性影响力的特点是:对被影响者所产生的心理和行为影响是建立在使他人感到信服的基础上,以内驱力的形式起作用,在行为上表现为自愿、主动。因此,它对人的激励作用要比强制性影响力大。

非权力性影响力主要由领导者的品德、才能、知识和情感因素所组成。

(1)品德因素。领导者的品德因素主要包括道德、品行、人格、作风等,其反映在领导者的一切言行中。领导者具有优秀的品格会给自己带来巨大的影响力,会使被领导者对自己产生敬爱感,能吸引、诱使他人去模仿;相反,品德不良,无论职位多高的领导者,其影响力也会丧失殆尽。由此可见,品德因素是影响力的重要组成部分,也是领导者自我修养的重要内容。基于这点认识,一些企业在领导者的人才选拔中,特别重视对候选者的品德乃至其个人婚姻状况与家庭生活等方面的考虑。

(2)才能因素。所谓才能因素,是指领导者的聪明才智和工作能力。才能不仅反映在领导者能否胜任自己的工作上,更重要的是反映在工作业绩上。一位才能出众的领导者,不仅给自己的事业带来成功,而且还能以此赢得他人对自己的敬佩,使人们自觉地接受其影响。

(3)知识因素。知识本身就是一种力量,知识渊博的领导者,会使人产生信赖感,增强影响力。知识面狭窄、孤陋寡闻的领导者,其影响力会大为减弱。

(4)情感因素。情感是融洽人际关系的重要因素,领导者与被领导者之间建立良好的人际关系,有着深厚的情感,就会使领导者的行政和业务管理工作得心应手。情感常常成为做好领导工作的催化剂。

3. 提高安全领导影响力的途径

如前所述,安全领导影响力包括权力性影响力和非权力性影响力两个方面。其中,权力性影响力在整个安全领导影响力构成中占主导地位,起决定作用;非权力性影响力只占次要地位,而且其强度往往受后者的制约。

安全领导者在使用合法的权力性影响力时要注意以下几个方面。

(1)要持审慎的态度。安全领导不同于安全管理,安全领导要求使用权力的人,不仅要按规章制度办事,更要真正做到秉公办事,要避免过多地采用强制手段。有职权者必须注意,对行使权力来施加影响一定要持慎重态度。

(2)要具有无私精神。安全领导者必须以身作则,在安全规章制度和纪律面前,要做到罚不避亲、赏不避仇,这样才能取得运用合法权力的良好效果。

(3)要善于授权。授权是现代安全领导工作和安全管理工作中的基本行为。授权就是由上级安全领导者委授给下级员工一定的安全责任和权力,使其在安全领导者的监督下,能够相当自主地处理有关安全生产的事务,采取必要的正确行为,防止伤害事故的发生。员工授权可以使员工在安全决策上有充分的发言权,可以自动发起并实施对安全的改进,为了自己和他人的安全对自己的行为负责,并且为自己所在组织的安全绩效感到骄傲。因此,作为安全领导者必须学会授权并善于授权。

(4)要注意给予具体指导。作为安全领导者不能只要求下属做什么与如何做,而且要让下属了解和懂得其中的安全原理和原因,要他们知道"所以然"。为此,就要求安全领导者做具体指导,使下属在安全工作的每一个环节中都能洞察下一环节和本环节的有机联系,使他们始终保持安全行为,防止由无知或蛮干导致的事故。

4. 正确使用非权力性影响力

一般来说,权力性影响力是企业安全领导实施安全决策的主要依靠,但若完全依靠权力性影响力来推动安全领导工作却又难以持久见效。这是因为非权力性影响力要比强制性的跟从自然得多。权力性影响力确定之后,提高非权力性影响力就成为关键,包括不断提高安全领导者自身的德、学、才、识和感情及人际交往方面的影响力。在提高非权力性影响力时要注意以下两个方面的问题。

(1)要注意主次关系。在非权力性影响力的诸因素构成中,要以品德、才能因素为主,以知识、感情因素为辅。

(2)当一个安全领导者的品德、才能达到相当水平时,感情因素就十分重要了。知识因素也随之成为一个关键因素。尤其是在科学技术突飞猛进的时代,作为安全领导者,必须努力学习和掌握更多安全知识,才能适应新环境、新情况、新要求。

总之,安全领导者应该在工作实践中不断提高自身的影响力,特别是要扩大和加强自己的非权力性影响力。实践表明,越是优秀的领导者,他所依靠的就越有可能是其本身所具有的非权力性影响力。

三、领导行为与安全

1. 领导行为

领导行为是指领导者在领导过程中的所作所为。领导者在领导过程的不同阶段中因情境和任务需要表现出不同的领导行为。领导行为有以下一些特点。

(1)领导者不同于管理者。领导是一种影响力,是影响个体、群体或组织来实现所期望目标的各种活动的过程。领导者的权力是个体影响其他个体或群体的能力。领导与权力、权威不可分,领导要很好地运用权力树立权威。

(2)领导者是领导活动的主体,他是集权、责、服务于一体的个人或集体。被领导者是领导活动的对象和基础,是领导者所辖的个人或团体;环境是领导活动的客观条件。

(3)领导现象与领导行为的关系。在任何群体中,一般都存在领导现象;有效的领导行为可以导致领导现象的产生,而无效的领导行为则不可能导致领导现象的产生;领导现象不一定是领导行为的产物。

(4)决策是领导者的基本职能,是决定领导活动成败的关键因素,也是衡量领导者领导水平高低的重要尺度。作为一名优秀的领导者,要努力掌握科学决策的方法和艺术,实现领导决策的民主化、科学化。

2. 领导决策与安全

领导者的主要职责是决策,然而,领导者不是完人,由于经验、身份、专业知识、行为习惯等多种限制,一个人作出决定会有很大的风险。那么,降低风险的必要措施就是征求意见,尤其是要多听持不同立场者的意见。用一句老话来说,就是兼听则明,偏信则暗。全面听取各方面意见对制定全面且明智的决策是很有必要的。

领导者必须取得下级信任。决策权属于领导者,而执行要靠下级。领导者在贯彻自己作出的决策时应该采用说服而非命令的方式,以排除执行障碍。因为只有下级理解并且信服的时候,才能够高效、高质地执行决策。

领导者决策方式很多,比较常见的有以下几种模式。

(1)独裁型。这种领导模式的全部决策权归领导者,绝不允许下级直接参与决策。经营活动中,从发现问题到提出方案再到拍板定案,完全由领导者一手决定。领导者可以考虑下级的需求和情绪,但不许下级介入。决策实施中有可能采取强制措施。这种领导决策的方式对安全管理有不利的影响,领导者个人掌握的安全知识毕竟有限,很有可能由个人决策失误导致事故的发生。

(2)推销型。这种领导模式的决策权依然在领导者,下级同样不能参与,其与独裁型的差别在于决策的执行靠说服而不是靠强制。常见的领导者兜售决策的方式,是向下级尽可能说明执行该决策能够给下级带来什么样的好处。这种模式有助于决策的执行,对安全管理方面决策的落实有积极作用。

(3)报告型。这种领导模式同样是领导者决策,但在表面上似乎要征求下级意见。一般来说,这种领导者会召集会议或者座谈,号召员工提出问题,但领导者往往掌握问题的解释权,已经胸有成竹,通过解释来说服员工接受决策。这种模式有助于员工理解领导者的决策意图和安全目标。

(4)咨询型。这种领导模式允许下级有限度地参与决策,但领导者占据决策的主导地位。其标志是领导者掌握识别问题和提出方案的权力,当领导者征求下级意见时,他实际上已经有了初步决策预案。他会欢迎下级提出不同意见和建议,并在方案中尽可能吸收下级的思想成果,不同程度地采纳下级的建议,并由领导者最终拍板。

(5)参与型。这种领导模式的决策权由领导者和下级分享,识别和提出问题的责任在领导者,然后同下级一起商议解决办法,提出方案。同咨询型的差别在于,下级这时可以提出不同方案,而不仅仅是提供修改方案的不同意见。领导者在自己同下级会诊问题的过程中一起提出的多个方案中进行选择。最后定案的选择权仍然归领导者。这种方式对安全管理有积极意义,可以发挥大家的智慧,共同制定目标。

(6)授权型。这种领导模式的决策权实质上已经转移到下级手中,领导者确定相关的问题边界和方法边界,指出决策的原则、先决条件和可接受限度。在决策术语中,这种模式就是由领导者确定决策目标和约束条件,具体方案交由下级自主决定。

(7)自主型。这种领导模式的决策权彻底下移,领导者只提供决策的保障条件,对下级不加其他限制,而且要作出承诺,不管下级作出何种选择,他都要保证实施。从界定问题到寻求方案,再到拍板,全部交给下级。这种模式在实际工作中比较少见,在一些志愿者组织中往往采取这种模式。

班组长作为"兵头将尾",在班组中承担着领导者的权力和责任,因此在作出事关安全的决策时必须十分慎重,在安全生产与经济效益发生矛盾时,要优先考虑安全的需要。

第二节 管理行为与安全心理

对于企业及车间班组来说,不同的管理行为会让被管理者产生不同的心理感受。对于安全管理来说,要从掌握员工心理状态入手,不断创新安全管理模式,在注重依法治理、严格管理的同时,还要做好耐心细致的思想工作和充满爱心的批评教育,避免员工产生逆反心理,防止产生消极不满的情绪和过激的行为。一般来说,安全管理只要符合客观实际,管理过程中公正公平、合乎情理,哪怕是非常严格的制度,员工也会从心理上给予理解,并在行为上积极响应,会心悦诚服地自觉遵守。人的这种自觉遵章守纪的行为,动力来自正确的动机和有效的管理。

一、管理行为与安全管理层次

1. 管理的基本概念

管理是人类有目的的活动,它广泛应用于社会的各个领域,不仅适用于营利性企业,也同样适用于政府机关、学校、医院和公共事业单位等。无论是什么组织,都需要合适的管理。

一般来说,管理就是由一个或多个人来协调其他人的活动,以便收到个人单独活动所不能收到的效果。还有人认为,管理是通过计划、组织、领导和控制,协调以人为中心的组织资源与职能活动,以有效地实现目标的社会活动。从管理的基本概念出发,可以分析出管理的如下要点。

(1)管理是共同劳动的产物。没有共同劳动,人们就不会结成配合与协作的关系,也不存在组织的共同目标,管理工作就成为多余的工作。有了共同劳动,就必然存在着从事共同劳动人员之间的分工、协作问题,管理人员及其管理活动就有存在的必要。

(2)管理的目的是有效地实现目标。所有的管理行为都是为实现目标服务的。没有共同的目标,就没有共同的劳动,也就不需要管理。目标不明确,管理就会无的放矢。

(3)管理目标实现的手段是计划、组织、领导和控制。任何管理者,要实现管理目标就必须实施计划、组织、领导、控制等管理行为与过程,这些是一切管理者在任何管理实践中都要履行的管理职能。

(4)管理的本质是协调。要实现目标,就必须协调资源与职能活动,所有的管理行为在本质上都是协调问题。

(5)管理的对象是以人为中心的组织资源与职能活动。它强调了人是管理的核心要素,所有的资源与活动都是以人为中心的。管理最主要的是对人的管理。

2. 管理的特性

管理有自然属性与社会属性的区别,通常把管理的自然属性称为管理的一般职能,把管理的社会属性称为管理的特殊职能。管理的一般职能与管理的特殊职能是结合在一起的,在管理的基本职能中体现出来并一起发挥作用。管理的特性主要表现在以下几个方面。

(1)管理有二重性。管理作为共同劳动的产物,不能脱离具体的社会历史环境而抽象地存在,也就是说,一定社会的管理无不具有科学技术和上层建筑的二重特征,这就是通常所说的管理的二重性。管理的二重性一方面是管理具有同现代生产力和社会化大生产相联系的一般性质——自然属性,这种性质是一切社会化大生产所具有的客观规律,它取决于生产力的发展水平和劳动的社会化程度,并不取决于生产关系和社会制度的性质;另一方面管理又是在一定的生产关系条件下进行的,因此它具有同生产关系、社会制度相联系的社会属性。

(2)管理的主体是管理者。管理的主体是具有专门知识、利用专门技术和手段来进行专门活动的管理者。管理劳动是社会生产过程中分离出来的一种专门劳动,是一种职业,它符合一般的职业要求:从职人员必须具有专门的知识结构;职业技能的获取需要长期的教育和培训;应聘职业时将受到限制,通常需要经过某种形式的考试;从职人员必须遵守一定的职业道德,违反者应受到惩罚。显然,并非任何人都可以成为管理者,只有具备一定素质和技术的组织成员才有可能从事管理工作。

(3)管理的客体是组织活动及其参与要素。组织需要通过特定的活动来实现其目标。任何活动的进行都是以利用一定的资源为条件的。因此,要促进组织目标的有效实现,管理需要研究的是怎样充分地利用各种资源,如何合理地安排组织的目标活动。

(4)管理的核心是处理好人际关系。管理是让别人与自己一道去实现既定的目标。管理者的工作或责任的很大一部分是与人打交道,所以处理好人际关系对管理工作的意义非常重大。

3. 安全管理行为的性质

安全管理是管理中的一种,安全管理行为是组织在从事安全管理活动中各种管理行为的综合体现。就安全管理行为的功能和工作程序来说,一般可再分为安全决策行为、安全组织行为、安全协调行为、安全教育行为、安全监察行为、安全惩罚行为、安全情况分析行为等。在安全管理的各个环节中,管理者依据什么样的管理理论,采用什么样的安全管理方法,用什么样的安全管理理念管理员工的工作行为,如何对员工进行安全教育和安全培训,将在很大程度上决定着安全管理的效果。

安全管理行为的性质主要体现在以下几个方面。

(1)社会性或群体性。安全管理行为是为社会和群体利益需要,对具有一定社会组织形式的群体所进行的目标明确的一种管理活动。

(2)组织性。安全本来就是有序的结果,安全管理则必须有组织、有序地进行,安全管理行为是一种有组织的行为。

(3)任务性。任何一项安全管理活动都有特定的对象、目标和任务,应对安全管理行为设定管理程序和方法,提出确定的任务和目标。

(4)科学技术性。安全管理对特定对象的物质流、能量流、信息流、人力流作出特定的控制和规定,必须掌握这些"流"的特性和规律,而这些特性和规律非人的本能所能掌握,必须具有这方面的科学技术知识。

(5)普遍性。从广义的角度看,安全管理具有普遍的意义。人的各项活动都存在安全问题,只要这个问题涉及两人以上便出现安全管理的任务。

(6)特异性。不同领域和不同对象的安全管理方法与要求不尽相同,各有特殊性,需要分情况予以研究对待。

4. 安全管理行为的形成

安全管理行为是基于组织的特定需要而产生的,它是组织的一种特殊管理行为。实施安全管理行为会受到安全信息的刺激与感应的影响,而这种影响因安全刺激的种类、对刺激的认识与判别,以及对刺激作出的响应的差异而不同。

总的来说,安全管理行为需要通过多个环节才能完成,从决策指令的发出到每个具体细节项目管理完成,都是由各环节上各人分工合作的结果。因此,一个环节上出了差错,便损害了这种整体行为,使其总体效果受影响。安全管理者所居层次越高,联系面越大,在整体行为中的作用也越大,一旦在这个层次上出了问题,其影响也越大。因此,在安全管理上尤其要重视高层次的建设,端正其行为。

二、安全管理行为的层次与原则

1. 安全管理行为的3个层次

安全管理是企业生产管理的重要组成部分,是一门综合性的系统科学。安全管理是一种动态管理,管理对象是生产中一切人、物、环境的状态管理与控制。

安全管理行为的层次与安全管理的组织结构密切相关,一般分为3个层次:安全管理个体行为、安全管理群体行为、安全管理组织行为。

(1)安全管理个体行为。安全管理个体行为是在安全管理过程中个人的行为,是个人对安全管理在内在心理和外在环境驱使下形成的安全管理行动和作为。安全管理个体行为是安全管理群体行为的基础,是安全管理行为研究的起点。安全管理个体行为包括不同个体心理因素下的安全管理行为、不同环境刺激下的安全管理行为、不同个体的安全管理行为等。

(2)安全管理群体行为。安全管理群体行为以安全管理个体行为为基础,但它并不是安全管理个体行为简单的相加,而是一种群体在安全管理过程中实际行为和工作行为的综合表现。安全管理群体行为包括不同类型群体的安全管理行为、群体的安全管理决策行为、群体的一致性安全管理行为、非正式群体的安全管理行为等。

(3)安全管理组织行为。安全管理组织行为是以安全管理个体行为和安全管理群体行为为基础产生的,但不等于安全管理个体行为和安全管理群体行为的简单相加。安全管理组织行为包括安全管理目标行为、安全管理组织架构行为、安全管理运行机制、安全管理设计行为、安全管理变革行为等。

2. 安全管理行为的基本原则

安全管理行为需要遵循一定的原则,从而认识和处理安全管理中出现的问题。在企业安全管理活动中应遵循以下原则。

(1)动态相关性原则。对于安全管理来说,要搞好安全管理,掌握与安全有关的所有对象要素之间的动态相关特征,必须有良好的信息反馈手段,能够随时随地掌握企业安全生产的动态情况,且处理各种问题时要考虑各种事物之间的动态联系性。例如,当有员工发生违章时,不能只考虑员工的自身问题,要同时考虑物和环境的状态、劳动作业安排、管理制度、教育培训等问题,甚至还要考虑员工的家庭和社会生活的影响。

(2)整分合原则。整分合原则是指为了实现高效的管理,必须在整体规划下明确分工,在分工的基础上进行有效的综合。整体规划就是在对系统进行深入、全面分析的基础上,把握系统的全貌及其运动规律,确定整体目标,制订规划与计划及各种具体规范。在整分合原则中,整体把握是前提,科学分工是关键,组织综合是保证。没有整体目标的指导,分工就会盲目而混乱;离开分工,整体目标就难以高效实现。

(3)反馈原则。反馈原则对系统安全有着特别重大的意义。为了维持系统的稳定,应及时捕捉、反馈不安全信息,及时采取行动,消除或控制不安全因素,达到安全生产的目的。

(4)封闭原则。封闭原则是指任何一个系统的安全管理手段、安全管理过程等必须构成一个连续封闭的回路,才能形成有效的管理运动。把封闭原则应用到安全管理领域中,要求安全管理机构之间、安全管理制度和方法之间,必须具有紧密的联系,形成相互制约的回路,保证安全管理活动的有效进行。

(5)弹性原则。弹性原则是指在安全管理上要有弹性,当面临各种变化状态时,管理能机动灵活地作出反应以适应变化。

3. 安全管理中的重要原理

安全管理是复杂的,在安全管理中不仅涉及资金投入、设备设施的安全运行,还涉及人员的培训教育、人员的选拔任职,涉及人员的利益。因此,安全管理中的一些重要原理,成为安全管理运行的基础。

安全管理中的重要原理主要有以下几个方面。

(1)安全管理中的预防原理。我国安全生产的方针是"安全第一、预防为主、综合治理"。通过有效的管理和技术手段,减少并防止人的不安全行为和物的不安全状态,从而使事故发生的概率降到最低,这就是预防原理。要想做好安全管理工作必须把握"预防原则",在完善各项安全规章制度、开展安全教育、落实安全责任的同时,多举措做好安全管理工作的全过程控制,使事故发生率降低到最小,真正使安全工作做到防微杜渐。

(2)安全管理中的人本原理。安全管理以人为主体,以调动人的积极性为根本,这是人本原理。人本原理有两层含义:一是一切管理活动都是以人为本展开的,人既是管理的主体,又是管理的客体,每个人都处在一定的管理层面上,离开人就无所谓管理;二是管理活动中,作为管理对象的要素和管理系统各环节,都需要人掌管、运作、推动和实施。

(3)安全管理中的强制原理。强制就是绝对服从,无须被管理者同意便可采取控制行动。因此,采取强制管理的手段控制人的意愿和行为,使个人的活动、行为等受到管理要求的约束,从而有效地实现管理目标,就是强制原理。

(4)安全管理中的责任原理。在管理活动中,责任原理是指管理工作必须在合理分工的基础上,明确规定组织各级部门和个人必须完成的工作任务与相应的责任。在安全管理、事故预防中,责任原理体现在很多地方,运用责任原理,大力强化安全管理责任建设,建立健全安全管理责任制,构建落实安全管理责任的保障机制,促使安全管理责任主体到位,且强制性地进行安全问责、奖罚分明,才能推动企业履行应有的社会责任,加大安全监管部门监管力度和效果,激发和引导好广大社会成员的责任心。

第三节　安全管理过程中的激励

激励有激发和鼓励的意思,是管理过程中不可或缺的环节和活动。有效的激励可以成为组织发展的动力保证,实现组织目标。它有自己的特性,它以组织成员的需要为基点,以需求理论为指导;激励有物质激励和精神激励、外在激励和内在激励等不同类型。在安全管理过程中,每个人都需要激励,包括自我激励、同事激励、领导激励等。通过激励,最大限度地调动人的主观能动性,激发人的安全创造性和遵章守纪的自觉性,使人自觉自愿、心情舒畅地工作。

一、激励与激励过程

1. 激励的概念与特点

在管理心理学中,激励的含义主要是指持续激发人的动机,使人有一股内在的动力,朝向所期望的目标前进的心理活动过程。在激励这一心理过程中,在某种内部或外部刺激的影响下,人会始终处在兴奋状态。激励用于安全管理,可以调动职工的安全生产积极性。激发人动机的心理过程的具体模式是:需要引起动机,动机激发行为,行为又指向一定的目标。这一模式表明,人的行为都是由动机支配的,而动机则是由需要引起的,人的行为都是在某种动机的策动下为了实现某个目标的有目的的活动。

激励有以下几个特点。

(1)有被激励的对象,即被激励的人或群体(如班组、车间、科室)。

(2)激励是激发从事某种活动的内在愿望和动机,而产生这种动机的原因是人的需要。

(3)人被激励的动机强弱不是固定不变的,而且激励水平与许多因素有关,如职工文化状况、个人价值观、企业目标吸引力、激励方式等。

(4)这种积极性是人们看不见、摸不着的,只能从观察由这种积极性推动所表现出来的行为和工作绩效上判断。

在现代化企业的安全管理中,激励是调动职工安全生产积极性的核心问题。这种积极性是指人们对安全问题的重视和努力程度,体现在实现安全生产的自觉性、主动性和创造性上。

2. 激励的功能

激励是企业管理和安全管理的重要手段,其主要功能体现在以下几个方面。

(1)提高工作绩效。激励水平对工作绩效有相当大的影响。实验表明,经过激励的行为和未经过激励的行为存在着明显的差距。用精神激励法,误差次数是未经激励的1/3;用奖惩的物质激励,也使误差减少一半。这充分证明了激励的功能。

(2)激发人的潜能。通过激励可以充分挖掘职工的工作潜力,发挥其工作能力。美国哈佛大学的心理学家詹姆士在对职工的激励研究中发现,若按工作时间计酬,职工的工作能力仅发挥出 20%～30%。但是,一旦他们的动机处于被充分激励的状态,他们的能力则可以发挥到 80%～90%。这说明,同样一个人在经过充分激励后所发挥的作用相当于激励前的 3～4 倍。可见,激励在激发人的潜能方面,具有显著的功能。

(3)激发人的工作热情与兴趣。激励具有激发人的工作热情与兴趣、解决工作态度和认识倾向问题的独特功能。在激励中,职工对本职工作产生强烈、深刻、积极的情感,并能以此为动力,集中自己的全部精力为实现预期目标而努力;激励还使人对工作产生浓厚而稳定的兴趣,使职工对工作产生高度的注意力、敏感性,形成对自身职业的喜爱。并且能够促使个人的技术和能力,在浓厚的职业兴趣基础上发展起来的。

(4)调动和提高人对所从事工作的自觉性、主动性和创造性。实践表明,激励能提高人们接受和执行工作任务的自觉程度,能解决职工对工作价值的认识问题,能使职工感受到自己所从事工作的重要性与迫切性,进而更主动地、创造性地完成本职工作。

3. 激励的基本原则

激励的基本原则主要有以下几个方面。

(1)目标结合原则。在激励机制中,设置目标是一个关键环节。目标设置必须同时体现组织目标和员工需要的要求。

(2)物质激励与精神激励相结合的原则。物质激励是基础,精神激励是根本。在两者结合的基础上,逐步过渡到以精神激励为主。

(3)引导性原则。外激励措施只有转化为被激励者的自觉意愿,才能取得激励效果。因此,引导性原则是激励过程的内在要求。

(4)合理性原则。激励的合理性原则包括两层含义:其一,激励的措施要适度,要根据所实现目标本身的价值大小确定适当的激励量;其二,奖惩要公平。

(5)明确性原则。激励的明确性原则包括 3 层含义:①明确,激励的目的是明确需要做什么和必须怎么做;②公开,特别是在处理奖金分配等大量员工关注的问题时,显得更为重要;③直观,实施物质奖励和精神奖励时都需要直观地表达它们的指标,总结给予奖励与惩罚的方式。直观性与激励影响的心理效应成正比。

(6)时效性原则。要把握激励的时机,"雪中送炭"和"雨后送伞"的效果是不一样的。激励越及时,越有利于将人们的激情推向高潮,使其创造力连续有效地发挥出来。

(7)正激励与负激励相结合的原则。所谓正激励,是对员工的符合组织目标的期望行为进行奖励。所谓负激励,是对员工违背组织目标的非期望行为进行惩罚。正、负激励都是必要而有效的,不仅作用于当事人,而且会间接地影响周围其他人。

(8)按需激励原则。激励的起点是满足员工的需要,但员工的需要因人而异、因时而异,并且只有满足最迫切需要(主导需要)的措施,其效价才高,其激励强度才大。因此,管理人员必须深入地进行调查研究,不断了解员工需要层次和需要结构的变化趋势,有针对性地采取激励措施,才能收到实效。

二、激励的引导作用与安全生产

1. 激励所包含的内容

对于企业、车间、班组来说,激励是激发和引导员工行为,以实现预期目标的活动。常用的激励主要有两种:一种是需要财力投入的物质激励;另一种是不需要财力投入的精神激励。

激励的概念包含以下几个方面的内容。

(1)激励的出发点是满足组织成员的各种需要,即通过系统地设计适当的外部奖酬形式和工作环境,来满足企业员工的外在性需要和内在性需要。

(2)科学的激励工作需要奖励和惩罚并举。既要对员工表现出来的符合企业期望的行为进行奖励,又要对不符合企业期望的行为进行惩罚。

(3)激励贯穿于企业员工工作的全过程,包括对员工个人需要的了解、个性的把握、行为过程的控制和行为结果的评价等。因此,激励工作需要耐心。

(4)信息沟通贯穿于激励工作的始末。从对激励制度的宣传、企业员工个人的了解,到对员工行为过程的控制和对员工行为结果的评价等,都依赖于一定的信息沟通。企业组织中信息沟通是否通畅,是否及时、准确、全面,直接影响着激励制度的运用效果和激励工作的成本。

(5)激励的最终目的是在实现组织预期目标的同时,也能让组织成员实现其个人目标,即达到组织目标和员工个人目标客观上的统一。

2. 激励的方式与效果

激励有不同的方式,目的只有一个,就是激发出人们更多的热情,激发出人们更多的对工作的热爱和完成工作任务的干劲。

(1)目标激励。通过目标的制定、实施,激发人们实现目标的热情。一般来说,所设置的目标要具有挑战性,使人们感到实现它不是轻而易举的事情,必须付出一定的努力,这样才能够强化目标的激励作用。但是,如果设置的目标太高,实现的难度太大,让人们感到可望而不可即,会减少目标的吸引力,影响积极性。因此,设置的目标必须具有实现的可能性,让人们感到只要付出一定的努力,目标就有实现的可能,这样才能激励员工为实现这个目标而努力奋斗。

(2)参与激励。参与激励是让下属参与本部门、本单位重大问题的决策与管理,并对领导者的行为进行监督。参与激励包括多种形式,主要有开放式管理形式、提案形式、对话形式、员工代表大会制度等。通过参与激励,领导与下属之间可以增进相互之间的了解,加深理解,使干群关系更加和谐,制造一种良好的相互支持、相互信任的社会心理气氛,因而具有极大的激励作用。

(3)荣誉激励。荣誉激励,主要是把工作成绩与晋级、提升、选模、评先进联系起来,以一定的形式或名义标定下来。其主要的方法是表扬、奖励、经验介绍等。荣誉可以成为不断鞭策荣誉获得者保持和发扬成绩的力量,还可以对其他人产生感召力,激发比、学、赶、超的动力,从而产生较好的激励效果。

(4)奖罚激励。奖励是对人的某种行为给予肯定与表彰,使其保持和发扬这种行为。惩罚则是对人的某种行为予以否定和批判,使其消除这种行为。奖励只有得当,才能收到良好的激励效果。在实施奖励激励的过程中,领导者必须注意:要善于把物质奖励与精神奖励结合起来;要创造"学先进、赶先进、超先进"的良好奖励氛围;奖励要及时,因为过时的奖励不仅削弱奖励的激励作用,而且可能导致下属对奖励产生漠然视之的态度;奖励的方式要考虑到下属的贡献的大小,拉开奖励档次;奖励的方式要富于变化。惩罚的方式也是多种多样的,要做到惩罚得当。领导者需要注意:惩罚要合理,达到化消极因素为积极因素的目的。

(5)关怀激励。领导的关怀激励,是指领导者通过对下属多方面的关怀来激发其积极性。领导者经常与下属谈心,了解他们的要求,帮助他们克服种种困难,把组织的温暖送到群众的心坎上,可以激发他们热爱集体的热情。领导者关心、支持下属的工作,是关怀激励的一个重要的方面。支持下属的工作,就要尊重他们,注意保护他们的积极性,并为他们的工作创造有利的条件。

(6)榜样激励。榜样的力量是无穷的,选准一个榜样等于树立起一面旗帜,使人学有方向,赶超有目标,起到巨大的激励作用。榜样应扎根于群众之中,为群众公认并为群众所敬佩和信服,但是大部分员工都是可以通过学习和努力做到的。

(7)公平激励。人对公平是相当敏感的,有公平感时,会心情舒畅,努力工作;而感到不公平时,则会怨气冲天,大发牢骚,影响工作的积极性。公平激励是强化积极性的重要手段。所以,在工作过程中,领导在员工分配、晋级、奖励等方面要力求做到公平合理。

3. 激励的循环过程

激励是企业和班组安全管理必须采用的手段,通过激励可以提高工作绩效,激发员工的潜能、工作热情与兴趣,还能调动和提高员工工作的自觉性、主动性和创造性。通过对激励的掌握,可以使安全管理更为有效。

激励实际上是一个循环的过程。一般来说,当人产生某种需要时,会产生一种紧张的心理状态,在遇到能够满足需要的目标时,这种紧张的心理状态可转化为动机,促使人们去从事某种活动来实现目标。当目标实现时,需要也得到满足,紧张的心理状态就会消除。这时,人又会产生新的需要,形成一个循环的过程。

在激励的循环过程中,可以发现,有些需要容易得到满足,而有些需要很难得到满足,所以激励的时间有长短之分。而当有些需要几乎不可能被满足的时候,将会出现两种结果:一种是产生非常强大的动机,这种动机促成非常努力的行为,直至达到目的实现的需要;另一种是消极结果,即该种需要消失,或由低层次需要取代。

在企业中,对员工的激励要密切注视并研究激励的过程,因为员工的需要不一定与企业的目标相符合,当不能符合的时候,结果是员工的行为与企业所需要的行为不一致。因此,企业必须积极引导员工的需要尽量与企业的目标相一致,最终达到良好的激励效果。

三、运用激励保证人员和作业安全的方法

1. 运用安全激励时应把握"四性"

在企业的实际安全工作中,激励的方法多种多样,运用得好就会受益无穷;反之,就会产生副作用。在运用安全激励时,应把握好以下"四性"。

(1)安全激励的目的性。安全激励的目的是发挥激励效能,而要使其真正发挥效能:一是要明确安全激励方向;二是要明确安全激励条件,所采取的安全激励措施能满足员工的愿望与需要。

(2)安全激励的适时性。安全激励需要讲求时效性,这种适时激励有两种好处:一是当事人的安全行为受到肯定后,有利于他继续重复企业所希望出现的安全行为;二是使其他员工看到,只要按安全制度要求去做,就可以立刻受到安全激励,安全制度是值得信赖的,因而大家就会争相努力,以获得肯定性安全激励。适时的安全激励不仅可以发挥激励的成效,还可以增加员工对安全奖励的重视程度;相反,过迟的安全激励,不仅会失去激励的意义,还会减弱员工安全工作的兴趣。

(3)安全激励的灵活性。对于企业员工来说,每个员工的愿望与需要不会完全相同,所以对员工的安全激励方式也要灵活运用、因人而异,不可千篇一律、千人一面。当不同的员工取得同样良好的安全工作成绩时,为达到激励的目的,采用的安全激励方式可以有多种,从而有利于激发其积极性。

(4)安全激励的弱化性。激励效应的弱化是指安全激励的实施并未达到应有的目的。在企业安全工作中,安全激励效应弱化的原因很多,如安全奖励不公,导致受奖者愧疚,未受奖者不满;一奖了之,导致被奖者受奖后处于茫然状态,找不到新的安全努力目标;安全奖励评价过高,导致被奖者忘乎所以而产生骄傲自满情绪等。因此,安全激励需要避免激励弱化性现象,要客观看待先进者的长处和不足,对其长处要积极肯定,对其短处也要指出。如果为了保先进,对先进者有错误不指出,甚至遮遮掩掩,就会使先进者在过多的奖励面前飘飘然,造成先进者与同事之间的隔阂而失去榜样的吸引力。

2. 安全生产激励适用方法

不同的企业有不同的激励方式方法,归纳起来,主要可从以下几个方面进行安全生产激励。

(1)设置有难度的具体安全工作目标。经常听到企业鼓励员工"尽最大努力去做"。但是"尽最大努力"意味着什么?这容易让人感到模糊不清。安全生产激励的首要源泉在于安全工作目标,前提是它必须告诉员工要做什么及需要付出多大的努力。具体的安全工作目标比笼统的"尽最大努力"效果更好,因为它能使员工明白到底要做什么,清楚地认识到距离目标存在多大的差距,并以此随时调整安全工作的方法和进度。而有难度的安全工作目标比容易的安全工作目标更有激励性,因为困难使员工感到需要投入更多的时间、精力和创造力,因而

容易调动起员工的安全潜力。此外,企业应注意时常把员工努力工作所取得的成绩反馈给本人,这样会使员工对安全目标和差距保持清醒的判断,使其下一步做得更好。

(2)获得高度的安全工作目标承诺。企业要让员工一直关注安全工作目标要注意三点:一是安全工作的难度要合理,严重超越主观能力和客观环境条件的目标,不容易获得员工内心的赞同;二是让安全生产激励对象参与安全工作目标的制定,这样更加切合实际,从而有利于目标的实现;三是把安全工作目标公布于众,促进安全目标的实现。

(3)必要时需要鼓励打气。目标的实现是一个过程,在实现目标的过程中,肯定会遇到各种困难、各种障碍,因此需要企业为员工鼓励打气,坚定对安全工作成功的信心,鼓励员工积极解决所遇到的棘手问题。

(4)进行令人信服的考核评价。员工经过努力获得的安全工作成绩,只有得到企业的肯定之后才能产生安全生产激励效果。而安全工作成绩的评价在很大程度上取决于人们的主观判断,有许多指标无法客观测量,如安全工作态度、安全努力程度等。在这种情况下,如果员工感觉企业对自己的评价不合理,极有可能与企业形成心理上的隔阂,丧失积极性。因此,要想对员工作出恰如其分的安全评价,必须进行充分的有效沟通,促进了解,避免误会,并且在可能的情况下让员工参与成绩评估和考核。这不仅可以得到更准确的、双方都认同的考核结果,而且员工对结果的认同也有助于今后的工作改进。

(5)公平对待所有员工。在企业安全管理中,分配的不公平会导致企业与员工之间、班组与班组之间、员工与员工之间人际关系的紧张,影响企业的安全工作凝聚力和士气。因此,企业想让员工满意,需要公平合理地分配奖励。一是要给所有员工同等的竞争机会。二是要在投入和贡献对比的基础上进行合理的利益分配。三是必须有公平且透明的过程,就是把结果产生的过程告诉给员工。只有公平的安全生产激励,才会产生应有的安全工作效果。

思考题

1. 什么是企业管理心理因素?它们如何影响企业的安全生产?
2. 如何评估企业管理心理因素对员工安全意识的影响?
3. 探讨不同管理方式对员工安全行为的影响,如命令式、参与式和自主式管理。
4. 如何通过有效的沟通提高员工的安全意识和行为?
5. 如何平衡企业的生产效率和员工的安全需求,以创造一个安全的工作环境?
6. 如何建立有效的激励机制,鼓励员工积极参与安全管理和改进工作?
7. 如何通过合理的组织和流程设计,减少潜在的安全隐患和风险?
8. 如何应对企业变革和转型过程中可能带来的心理压力和安全挑战?

【实例 12】 领导不力、监管项目建设不力问题失察造成的事故

2016 年 11 月 24 日,某发电厂三期扩建工程发生冷却塔施工平台坍塌特别重大事故,造成 73 人死亡、2 人受伤,直接经济损失 10 197.2 万元。

一、某发电厂三期扩建工程概况

(1)工程总体概况。某发电厂三期扩建工程建设规模为 2×1000MW 发电机组,总投资额 76.7 亿元,属××省电力建设重点工程。其中,建筑和安装部分主要包括 7 号、8 号机组建筑安装工程,电厂成套设备以外的辅助设施建筑安装工程,7 号、8 号冷却塔和烟囱工程等,共分为 A、B、C、D 标段。

(2)7 号冷却塔工程概况。事发 7 号冷却塔属于某发电厂三期扩建工程 D 标段,是三期扩建工程中两座逆流式双曲线自然通风冷却塔其中一座,采用钢筋混凝土结构。两座冷却塔布置在主厂房北侧,整体呈东西向布置,塔中心间距 197.1m。7 号冷却塔位于东侧,设计塔高 165m,塔底直径 132.5m,喉部高度 132m,喉部直径 75.19m,筒壁厚度 0.23~1.1m。

筒壁工程施工采用悬挂式脚手架翻模工艺,以 3 层模架(模板和悬挂式脚手架)为 1 个循环单元循环向上翻转施工,第 1 节、第 2 节、第 3 节(自下而上排序)筒壁施工完成后,第 4 节筒壁施工使用第 1 节的模架,随后,第 5 节筒壁使用第 2 节筒壁的模架,以此类推,依次循环向上施工。脚手架悬挂在模板上,铺板后形成施工平台,筒壁模板安拆、钢筋绑扎、混凝土浇筑均在施工平台及下挂的吊篮上进行。模架自身及施工荷载由浇筑好的混凝土筒壁承担。

7 号冷却塔内布置 1 台 YDQ26×25-7 液压顶升平桥,距离塔中心 30.98m,方位为西偏北 19.87°。

7 号冷却塔于 2016 年 4 月 11 日开工建设,4 月 12 日基础土方开挖,8 月 18 日完成环形基础浇筑,9 月 27 日开始筒壁混凝土浇筑,事故发生时,已浇筑完成第 52 节筒壁混凝土,高度 76.7m。

二、事故经过

2016 年 11 月 24 日 6 时许,混凝土班组、钢筋班组先后完成第 52 节混凝土浇筑和第 53 节钢筋绑扎作业,离开作业面。5 个木工班组共 70 人先后上施工平台,分布在筒壁四周施工平台上拆除第 50 节模板并安装第 53 节模板。此外,与施工平台连接的平桥上有 2 名平桥操作人员和 1 名施工升降机操作人员,在 7 号冷却塔底部中央竖井、水池底板处有 19 名工人正在作业。

7 时 33 分,7 号冷却塔第 50~52 节筒壁混凝土从后期浇筑完成部位(西偏南 15°~16°,距平桥前桥端部偏南弧线约 28m 处)开始坍塌,沿圆周方向向两侧连续倾塌坠落,施工平台及平桥上的作业人员随同筒壁混凝土及模架体系一起坠落,在筒壁坍塌过程中,平桥晃动、倾斜后整体向东倒塌,事故持续时间 24s。

三、事故直接原因

经调查认定,事故的直接原因是施工单位在 7 号冷却塔第 50 节筒壁混凝土强度不足的情况下,违规拆除第 50 节模板,致使第 50 节筒壁混凝土失去模板支护,不足以承受上部荷载,从底部最薄弱处开始坍塌,造成第 50 节及以上筒壁混凝土和模架体系连续倾塌坠落。坠落物冲击与筒壁内侧连接的平桥附着拉索,导致平桥也整体倒塌。国务院调查组认定这是一起生产安全责任事故。

四、相关施工管理情况

经调查,在 7 号冷却塔施工过程中,施工单位为完成工期计划,施工进度不断加快,导致拆模前混凝土养护时间减少,混凝土强度发展不足;在气温骤降的情况下,没有采取相应的技术措施加快混凝土强度发展速度;筒壁工程施工方案存在严重缺陷,未制定有针对性的拆模作业管理控制措施;对试块送检、拆模的管理失控,在实际施工过程中,劳务作业队伍自行决定拆模。

五、主要责任人的处分

当时担任××省副省长的李某煌,因"在贯彻落实国家有关安全生产方针政策、法律法规中领导不力,未有效指导督促相关部门和省属企业落实安全生产责任的问题",被国务院点名通报。

当时担任××市副市长的杨某平,因"违规干预、越权批准设立××建材公司搅拌站,对事故的发生负有主要领导责任",被国务院点名通报。

另有 46 名责任人员,分别受到了党纪政纪处分、诫勉谈话、通报、批评教育,其中就包括姚某明。姚某明曾任该发电厂三期扩建工程项目建设领导小组组长。国务院调查组的调查报告中提到,姚某明"不认真贯彻落实国家有关安全生产政策和法律法规,对××省投资集团及××公司相关单位和部门不认真履职、监管项目建设不力问题失察,在工程建设指挥部与××公司关系不清晰、项目建设组织管理混乱问题等方面失职,对事故的发生负有主要领导责任,建议给予撤销党内职务、撤职处分"。

第八章　事故心理调查分析与危机干预

第一节　事故心理原因的调查内容和方法

一、调查目的

事故调查的目的是取得关于事故发生的详细经过和发生原因等正确而全面的资料,分析探索事故发生的规律,以接受事故教训,制定预防措施,防止今后类似事故的再度发生,揭示所存在的新危害,以及制定出适当的控制措施。

事故心理原因调查,其重点在于弄清事故起因中人的心理和行为因素、发生人为失误或差错的过程、事故直接责任人员及受害者事故发生前的生理心理状态及其前驱因素,研究事故心理因素的性质、特征和发生发展规律,为消除或减少这些因素提供科学依据。

二、事故心理原因的调查内容和方法

根据对事故心理原因分析及事故预防应获取资料的需要,事故心理原因的调查内容和方法可参考表 8-1。

表 8-1　事故心理原因的调查内容和方法

调查项目	调查内容	调查方法
事故性质及伤害情况	①伤害方式和致创源(起因物);②伤害程度、部位和伤亡人数;③经济损失情况;④侥幸事故的可能后果	现场调查、访问当事者和其他相关人员
事故发生的时间和位置	①事故发生的年、月、日、星期和具体时刻;②当班工作的时间(连续劳动的时间);③当地季节;④发生事故的具体方位、单位名称	调查事故当时在场者

续表 8-1

事故发生时当事者的作业任务及事故详细经过	①了解一切能觉察和获得的与导致事故直接相关的事实情况、征兆等，以及从这些前驱因素开始直到事实发生和导致后果的详细情况；②了解事故前和事故中人和机两方面作业活动情况和机器运转情况（包括人的不安全行为和机的故障）；③了解事故发生时的情境，包括人的活动现场和作业环境的情况；④对涉及的设备型号、性能或物料材质形状、规格尺寸等也应该了解和记述；⑤了解当事者的作业任务、事故发生前的活动情况和作业活动过程；⑥了解与他人接触谈话或信息联络的情况；⑦了解事故发生时当事者的反应、避险动作和所受伤害的过程及后果等	调查事故当时在场者和有关知情者，查看事故现场及有关资料；访问直接领导、一起作业的工友等
当事者个人一般资料	①姓名、年龄、工龄、性别、民族、文化程度、职务、工种、职业培训情况；②婚姻和家庭情况，经济收入；③家庭住址、上下班路程等	调查其档案材料，访问直接领导、工友和亲属等
当事者生理心理特征和业务技术素质	①身体健康状况（包括视力、听力、既往病史和目前体质、体力，以及是否患疾病）；②心理健康状况（包括是否有心理或行为异常、心理与精神疾病等）；③个性心理特征（包括智力及能力倾向、气质类型、性格类型、心理倾向性等）和爱好；④政治面貌，人际关系，对工作、社会及他人的态度和行为方式等；⑤业务技术素质（包括目前所从事工作、熟练程度、工作岗位变更情况、以往的违章记录、是否发生过事故或较大失误等）；⑥工作动机和理想、人生态度和追求目标等	访问当事人的直接领导、同事，查阅有关健康档案、医疗记录；进行有关个性心理特征调研或测验
事故发生前当事者的生理心理状态	①是否存在生理和心理疲劳及睡眠不足；②是否存在体弱有病或体力不足；③是否存在情绪低落或过于兴奋；④是否存在感知觉迟钝或感觉机能紊乱、意识清醒水平下降或较低；⑤是否存在注意分散，时间紧迫感或焦急状态，冒险心理、急躁心理、逞能心理、图省劲、怕麻烦心理，好奇心理、逆反心理、麻痹心理等；⑥是否存在其他不良生理和心理状态	主要通过访问事故受伤者和有关责任者及当时在场人员特别是与当事者一同工作的人员，还要访问其家属或其他知情者，以及根据获得的全面资料进行判断等
当事者班前工余时间的活动	①劳作、社交、娱乐、休息、睡眠、饮食等情况，以及其他活动情况；②上班前已计划的下班后急需从事的活动	访问当事者本人及其家属、同事和其他知情者
当事者在事故发生前所经历的生活事件	①当事者事故前3个月、半年及1年内是否有重大的个人生活事件；②1周内发生的一般生活事件（包括家庭、个人生活和工作中有可能对其发生心理影响的生活事件）	访问当事者本人及其家属、同事和其他知情者

续表 8-1

工作环境情况	①噪声、振动、照明、气温、湿度、通风等情况；②工作空间、通道情况（如生产现场是否杂乱、通道是否狭窄、地面是否不平整、较滑等）；③设备布置是否合理；④环境中是否存在易于造成错觉的条件；⑤信号装置是否存在缺陷（如信号是否被噪声掩蔽，或多种信号间易混淆不易分辨）等	现场勘查或测量；访问技术人员和现场工作人员，必要时进行现场试验
管理方面的情况	①企业对安全生产的重视程度；②安全管理制度是否健全及执行情况；③工资支付及奖励制度；④生产指挥人员班前对工作任务的安排和安全注意事项的强调情况；⑤工间休息和班中餐的供应情况；⑥劳动保护用品的发放和管理情况；⑦当班生产指挥情况、安全监督检查情况；⑧当事者当班被安排从事的工作难度和劳动强度	向各上级管理人员了解情况，向有关工人及当事者等作调查

注：当事者是指与发生事故直接有关的人，包括受害人和主要责任者。

三、调查与资料分析中的有关注意点

1. 调查期间的注意点

值得指出的是，表 8-1 中所述事故心理原因的调查内容是事故心理分析理想化的所需材料，在实际调查过程中，我们很难如此全面地了解到这些材料，特别是对于死亡事故，在事故发生后的最初时间进行调查难度更大。但只要我们努力去做，还是可能获得进行心理分析所需的必要材料。调研对象应主要选取与事故相关的生产一线的管理干部和工人，再就是事故当事者、亲历者和事故相关人员，还可以创造条件调阅生产单位的事故档案、分析报告等。特别需要提醒的是，每起伤亡事故都是灾难，都会对受害者及其家属和在场亲历者造成心理刺激和伤害，而多人伤亡的重大事故精神伤害的范围更大。因此，心理调查者若是在事故当时调查，其首要任务是对精神创伤者进行心理救援，调研应放在次要位置。

2. 心理原因分析的注意点

根据调查所获取的资料，首先应分析导致事故发生的人的主要心理和行为因素，以及产生这些因素的深层原因，资料较全者可分析不安全行为的产生机制或内在心理结构。经认真分析后应得出事故调查初步结论，指出事故教训、应总结的经验，以及管理缺陷等。最后，提出采用何种管理措施、个人调节措施、心理训练或心理帮助措施，来防止类似失误或事故发生，这便完成了整个调查与分析的过程。

需要指出的是，一个事故的心理致因，有的非常简单，而有的可能相当复杂和难以判断。一起事故的直接触发因素主要是作业者各种各样的不良心理因素引发的不安全行为，但导致职工不良心理因素的原因却多是管理因素或社会因素，比如许多企业重生产轻安全、对职工漠不关心,甚至把工人当作生产工具或机器的一部分。由于制造业特别是某些私营企业中的劳动群体大多处于极为弱势的地位,没有维护自己安全的能力,以至于即使故意性的违章冒险也常带有被迫成分。他们的经济压力重,且失业威胁大、社会保障差,所以其冒险行为的屈从心理不但多见而且占有相当大的比重,这是在心理和行为原因分析中需要特别注意的。另外,当事职工的工作环境压力和个人生活压力也应成为调查分析重点。以煤炭生产为例,由于生产作业活动的环境危险因素多,且情况多变,对作业者的信息感知能力、判断反应能力、注意集中和注意分配能力要求高,而上述能力又依赖于人的心理和生理状态的稳定,所以要重点调查有关当事者是否存在个人生活事件的不良刺激,或作业当时的工作任务压力是否过大,以及管理者的管理行为是否不当等因素,此外还要调研有关个性心理特征和心理健康状况等因素的影响。

四、事故受害者心理创伤状况调查

世界卫生组织(WHO)的调查显示,自然灾害或重大突发事件之后,20%~40%的受灾人群会出现轻度的心理失调,30%~50%的人会出现中度至重度的心理失调;在灾难发生一年之内,20%的人可能出现严重的心理疾病。而及时的心理干预和事后支持会使受灾人群的症状得到缓解。这些在创伤性事件发生之后出现的程度不同的心理失调,即指创伤后应激障碍(post-traumatic stress disorder, PTSD)。在我国,PTSD干预仍处于起步阶段,社会各阶层对早期的干预重视不够,缺乏足够的社会支持,往往会错过最佳时机。

创伤后应激障碍是一种由突发性、威胁性或灾难性生活事件所导致的个体心理障碍,其症状伴有情绪和行为两方面的异常改变,而这些情绪和行为方面的反应不但会导致精神上的痛苦,还会成为新的事故易感性心理因素。所以对于安全心理学工作者来说,对事故受害者进行心理应激状况的调查很有必要。

1. 创伤后应激障碍

由于人身事故不但会对人造成躯体伤害,还会对人造成心理创伤(精神创伤),若这种精神创伤超过一定程度即出现创伤后应激障碍。创伤后应激障碍可引起个体的心理、生理功能紊乱,继发心理适应性疾病,导致明显的或长久的心理痛苦。各种职业伤害,特别是重大伤亡事故等人为灾难和严重的自然灾害受害者、目击者,甚至在抢救前线的急救工作者都有可能发生创伤后应激障碍。1993年,创伤后应激障碍被正式纳入《国际疾病分类》(ICD-10)。

一般认为,创伤后应激障碍的特征性症状有3个方面:①反复重现创伤性体验。尽管患者对经历事件极不愿想起,却不自觉地反复回忆。②持续回避易使人联想到创伤的活动和情景。患者会产生一系列退缩症状,如与旁人疏远,与亲人的感情变得淡漠,对未来失去憧憬,觉得活着没有意义等。③持续性心理敏感度和警觉性增高。常伴有神经兴奋、过度的惊跳反应、注意力集中困难、失眠或易惊醒、情绪不稳定或易怒,以及焦虑,抑郁,自杀倾向等表现,这些心理症状如果不能改善,会增加再次发生伤害的可能性。

根据中华精神科学会于2000年颁布的《中国精神障碍分类与诊断标准(第三版)》(CCMD-3),创伤后应激障碍的诊断标准如下。

(1)主要表现。①反复发生闯入性的创伤性体验重现（病理性重现）、梦境，或因面临与刺激相似或有关的境遇而感到痛苦和不由自主地反复回想。②持续的警觉性增高。③持续的回避。④对创伤性经历的选择性遗忘。⑤对未来失去信心。另外，少数病人可有人格改变或有神经症病史等附加因素，从而降低了对应激源的应对能力或加重疾病过程。精神障碍常延迟发生，在遭受创伤后数日甚至数月后才出现，病程可长达数年。

(2)症状标准。①遭受对于每个人来说都是异乎寻常的创伤性事件或处境（如天灾人祸）。②反复重现创伤性体验（病理性重现），并至少有下列1项：a.不由自主地回想受打击的经历；b.反复出现有创伤性内容的噩梦；c.反复发生错觉、幻觉；d.反复发生触景生情的精神痛苦，如目睹死者遗物、旧地重游，或周年日等情况下会感到异常痛苦和产生明显的生理反应，如心悸、出汗、面色苍白等。③持续的警觉性增高，至少有下列1项：a.入睡困难或睡眠不深；b.易激惹；c.集中注意困难；d.过分地担惊受怕。④对与刺激相似或有关的情境的回避，至少有下列2项：a.极力不想有关创伤性经历的人与事；b.避免参加能引起痛苦回忆的活动，或避免到会引起痛苦回忆的地方；c.不愿与人交往，对亲人变得冷淡；d.兴趣爱好范围变窄，但对与创伤经历无关的某些活动仍有兴趣；e.选择性遗忘；f.对未来失去希望和信心。

(3)严重标准。社会功能受损。

(4)病程标准。精神障碍延迟发生（即在遭受创伤后数日至数月后，罕见延迟半年以上才发生），符合症状标准至少已1个月（2008年6月修订此条）。

(5)排除标准。排除情感性精神障碍、其他应激障碍、神经症、躯体形式障碍等。必须注意，创伤后应激障碍诊断不宜过宽，必须有证据表明其发生在极严重的创伤性事件后的6个月内，具有典型的临床表现，或者没有其他适宜诊断（如焦虑症、强迫症或抑郁症等）可供选择；但事件与起病的间隔超过6个月，症状表现典型，亦可诊断。

另外，对于亲身经历伤亡事故的职工，还会发生幸存者综合征（也称生还者综合征），它是精神创伤后应激障碍的一种表现形式，主要表现为抑郁、梦魇、夜惊、情感脆弱等。

2. 恐怖性神经症

恐怖性神经症是伤害引起剧烈心理创伤后产生的严重精神障碍。以严重烧伤（如矿井火灾、瓦斯爆炸、电气事故烧伤等）病人为例，烧伤发生时残酷而又令人恐惧的场景，已使患者经受难以忍受的痛苦折磨，治疗时频繁的创面换药、多次植皮手术、后期整形等又不断出现新的刺激，使患者重复体验着创伤经历，在精神上引起强烈反应，出现心理恐怖并伴有强烈的焦虑、悲伤、抑郁等，以至出现惊恐症状。此外，还可有神经功能紊乱等症状，如颤抖、虚汗、口干、头晕、失眠、烦躁、心悸、血压升高、恐惧凝视、社交逃避意向、嚎哭，甚至大小便失禁等，从而形成恐怖性神经症。因此，伤后的心理护理、治疗和康复与医疗救治同样重要。

3. 伤害致残者的心理行为损害

各种严重伤害的后果可能会导致受害者永久性的残疾，包括躯体功能障碍、瘫痪、畸形等都会作为长期的心理刺激因素而影响其身心健康状态。

瓦斯爆炸、火灾、严重烧伤患者创面愈合后的外貌畸形、功能障碍等残疾，常使病人产生刻骨铭心的印象,并诱发病人的心理活动异常。首先是患者对愈后自我形象的心理反应,有些人表现为悲伤,有些人表现为焦虑或抑郁。随着肢体部分功能的恢复,整形手术对外貌和功能的改善,或再经心理治疗,多数患者能够接受现实,主动配合功能锻炼,最终实现生活自理,有的还可以重新参加一定的工作。值得指出的是,亲属和社会公众的态度与反应直接影响他们的心理状态,如果亲属对病人愈后容貌及功能障碍能够接受,尽心照料,使其得到亲情的温暖,则有利于促进心理康复。如果亲属或配偶对受害者的严重畸形和功能障碍接受不了,如分居、分餐、离婚等则会对他们造成严重的精神打击,有的因得不到应有的心理治疗,甚至会自杀。另外,严重烧伤患者痊愈后在与社会接触时,公众的不良反应可加重其心理创伤,致使他们的自尊心受到损害,他们害怕接触人群,生活空间进一步缩小,生存质量下降。因此,对严重伤害致残者的心理康复和社会康复是长期、艰巨而复杂的工作,需要发挥社会、单位和家庭等各方面的力量共同给予帮助。

4. 事故后心理创伤筛选问卷

目前,国内使用的灾后心理创伤评估工具主要来自西方国家。如一般健康问卷(general health questionnaire, GHQ),可进行大规模普通人群心理疾病及创伤后应激障碍筛查,我国学者曾对GHQ进行增补修订,取得较好效果(张杨等,2008);事件冲击量表修订版(impact of event scale - revised, IESR),可用于成人幸存者心理创伤评估。由于中西文化差异因素造成这些评估工具很难完全适合我国的情况,所以使用时还需作进一步分析,并逐步研究适合我国国情的评估工具。

第二节　事故状态下遇险人员的心理应激及干预

一、事故状态下遇险受困人员的心理应激特征

突发性重大灾害事故,对于遇险或受困的人员是一种严重的精神刺激事件,这时会发生被称为急性应激反应(亦称急性心因性反应)的精神症状。其他原因导致的异乎寻常和来势迅猛的精神打击(严重应激事件)也可以引起这种反应,事故受害者家属在突然得知亲人的不幸消息时也容易发生类似的精神伤害。

急性应激反应的症状一般在遭遇精神刺激若干分钟至若干小时内出现,主要有两种表现:一种是伴有强烈恐惧体验的精神运动性兴奋,行为带有一定的盲目性,如言语增多、动作杂乱、激动或叫喊,情感、言语多不协调。另一种是伴有情感迟钝的精神运动性抑制,表现为缄默少语,呆若木鸡,无情感流露,近似亚木僵状态,对痛觉刺激也少有反应,并有轻度意识障碍。另外,还可出现植物性神经系统的症状,如心悸、出汗、皮肤潮红等。一般情况下,上述急性应激反应症状历时短暂,可在几天至一周内恢复,少数可持续数周左右,然后自行缓解。这与创伤后应激障碍主要是延迟性反应显著不同。

遇险受困人员的应激心理反应,大体上可分为3个不同而又有所重叠的发展阶段。

(1)急性焦虑(惊恐)反应阶段。突发性的事件发生后,遇险者不知所措,紧张焦虑、茫然

惊恐,甚至歇斯底里。

(2)缓和安定阶段。遇险者可以通过取得社会性支持和自我心理防御,使焦虑情绪趋于缓和,并且开始理性地面对现实。同时,坚信外援必到,在1~2天之后,相当一部分人的惊恐反应会明显减轻,在多人一起遇险受困时的互相支持也会使这一阶段较早出现。所以对遇险受困人员及时建立通信联系以给予心理支持十分重要。

(3)问题解决阶段。遇险被困者克服突如其来的灾难产生的惊恐反应,将注意力指向应激源,理智地分析导致应激的原因,寻找避险逃生或直接消除危险源等解决问题的办法(也可以说通过消除应激源、逃避应激源等改变环境的策略来应对危机)。然而并不是所有的遇险受困人员都会使自己的心理应激反应得到解决,它与危险源的强度、性质、当事者的人格特征及取得的社会性支持的质量密切相关。

以上3个阶段并非都会按顺序出现,如果遇险受困人员短时难以得到救援,随着被困后时间的延长,很可能心理应激反应会再次加强,自救能力迅速下降,思维也常陷入停顿,有的人会产生绝望情绪,甚至开始想象起自己的亲人在丧失自己后的情形。进一步发展还会使受困人员转为精神崩溃,身体生理系统支撑能力严重下降,甚至陷入衰竭而死亡,造成伤亡扩大。

救援实践中还发现,随着时间的延长,遇难者对获救的希望逐渐丧失,出现意识障碍、幻觉或行为紊乱,可能会不知身处何地,对外界信息听而不闻、视而不见。或者出现鲜明生动的幻觉,有的可能又哭又叫、胡言乱语、行为紊乱。这时若无心理救援,人们的心理危机将是威胁生命的主要因素。

二、遇险人员自救逃生的心理、行为原则与逃生训练

(一)遇险人员受困自救时的心理和行为准则

1. 坚定的信念是生命最大的希望

在某个国家曾发生过这样一件事:有个搬运工人意外地被锁在一个冷冻车厢里,不到20h,冷冻车厢被打开,这时发现人已经被"冻死"了。医生证实是冻死的,可是人们仔细检查了车厢,发现冷气开关并没有打开,通风装置工作正常。那位工人确实死了。分析死因应是心理因素,强烈的心理暗示使他确信,在冷冻的情况下人是活不了几个小时的。

在遭遇险境的情况下,最终逃出劫难的往往是具有坚定信念者。这里有个"三只青蛙的故事"。故事是这样的,三只青蛙掉进了鲜奶桶中。第一只青蛙说:"这是命。"于是它盘起后腿,一动不动地等待着死亡的降临。第二只青蛙说:"这桶看来太深了,凭我的跳跃能力是不可能跳出去的。我今天死定了。"于是,它沉入桶底淹死了。第三只青蛙打量着四周说:"真是不幸!但我的后腿还有劲。我要找到垫脚的东西,跳出这可怕的桶!"于是,它一边划一边跳,慢慢地,奶在它的搅拌下变成了奶油块,在奶油块的支撑下,这只青蛙纵身一跃,跳出了奶桶。这个故事让我们知道,是希望救了第三只青蛙的命。别人之所以能救你,是因为你自己永不放弃。坚定的意志、必胜的信念、持续的行动,是创造生命奇迹的必要条件。我们看到,许多

在自然灾害和各种灾害事故中遇险受困的人,正是靠坚定的信念和积极科学的自救,坚持十几天甚至二十几天终于获救。因此,在遇险受困状态下,最重要的心理和行为原则是坚定信念和积极科学的自救。

2. 灾害事故发生后现场人员的行为和心理准则

(1)及时报告灾情。事故发生后,在场人员首先要了解事故的性质、发生时间、地点、灾情及有无人员伤亡等,并迅速地利用最近处的电话或其他方式向值班调度人员汇报,向事故可能波及的区域发出警报,使其他工作人员尽快知道灾情。以煤矿事故为例,在汇报灾情时,要将看到的异常现象(火、烟、飞尘等)、听到的异常声响、感觉到的异常冲击等如实汇报,不能凭主观想象判定事故性质,以免给人造成错觉,影响救灾。

(2)迅速采取应急措施。为了防止灾害扩大,要针对不同性质的事故,根据当场可能动员的人力,迅速采取应急措施。如煤矿冒顶事故,首先要加强支护,防止继续冒落伤人,然后迅速抢救被埋人员。电气火灾,首先要切断电源,然后扑压明火。遇到瓦斯、煤尘爆炸事故时,要迅速背向空气震动的方向脸向下卧倒,并用湿毛巾捂住口、鼻,以防止吸入大量有毒气体。与此同时,要迅速戴好自救器,选择顶板坚固、有水或离水较近的地方躲避。遇到煤与瓦斯突发事故时,要迅速戴好隔离式自救器或进入压风自救装置或进入避难硐室。遇到水灾事故时,要尽量避开突水水头,难以避开时,要紧抓身边的牢固物体并深吸一口气,待水头过去后开展自救和互救。遇到火灾事故时,要首先判明灾情和自己的实际处境,能灭(火)则灭,不能灭(火)则迅速撤离或躲避、开展自救或等待救援。由于燃烧产生的有毒烟气相对密度较小,所以要尽量向低处躲避并俯下身体,用沾水毛巾捂住口、鼻。如某煤矿井下配电室发生火灾,53名遇险人员中有45人所处的地点、环境相似,但是在事故发生18h后,只有18人还活着,现场勘察和被救人员介绍表明:①凡避难位置较高的人员均死亡,位置较低的绝大部分人保住了生命;②俯卧在底板上并用沾水毛巾堵住嘴的人保住了生命;与此相反,特别是迎着烟雾方向的人均死亡;③事故发生后,恐慌乱跑、大哭大叫的人大部分死亡。

(3)以最快速度选择安全、最近的路线撤离灾区。当灾区现场不具备抢救事故的条件,或可能危及人员的安全时,要以最快速度选择安全、最近的路线撤离灾区。撤退路线一般应根据灾害的类型、灾害发生时的位置确定。井下紧急避灾撤离事故现场时,要迎着风流,向进风井口撤离,并在沿途留下标记。撤离时,应由在场的负责人或有经验的老工人带领,根据灾害地点的实际情况,选择安全路线迅速撤离危险区域。撤离时,要遵守纪律,听从指挥,决不可单独行动。如在短时间内无法安全撤离灾区(如通路被冒顶阻塞、在自救器有效工作时间内不能到达安全地点等)时,应迅速进入预先构建的避难硐室或其他安全地点暂时躲避,等待援救,也可利用现场的设施和材料构筑临时避难硐室。

(4)保持稳定的心理状态。保持稳定镇静的心理状态非常重要。要保持头脑清醒、行动沉着、决策果断,对事故的发生和可能导致的恶果作出正确的判断和科学的分析,正确地选择避险逃生措施。切忌惊慌失措、大喊大叫、四处乱跑。如某矿井下因压风机起火发生火灾,21名矿工被困井下,18人遇难。中年矿工老李是这次矿难中第一个从井下逃生的矿工。他说,类似的逃生场面此前已经历过两次,这是第三次。在总结逃生之道时,他说:"心里冷静是很重要的。"当天下午2时,老李与另外4名工友一同下井。下午6时许,压风机短路着火,老李看到眼前闪出一团巨大的电火,离他大约40m。滚滚浓烟朝他们迫近,他们5个人只好一步步往后退。此时,老李凭着自己多年的煤矿工作经验,第一个念头就是要冲过火团,跑到火源的另一端切断电源,占据安全区风巷口。他也告诉另外4人必须冲过火团,他用尽全力冲过了火团,而其他4人十分慌乱,没有越过火源,最后都倒地中毒而亡。

事故发生后,在场人员一定要头脑清醒、沉着、冷静,要迅速调节好情绪,避免恐慌和悲观造成行为的混乱,不能急躁盲动。在无法撤离险境时,最好选择安全有利生存处静待救援,如处煤矿井下应在避难硐室或避难舱内静卧,避免不必要的体力消耗和空气消耗,借以延长待救时间。要树立获救脱险的坚强信念,工友间要互相鼓励,统一意志,以旺盛的斗志和极大的毅力克服一切艰难困苦,坚持到安全脱险。

3. 在煤矿井下被围困时的避灾自救措施

有些井下险情如水灾、大面积冒顶等发生后,常常会造成巷道被堵,人员无法撤退的情况,这时应采取科学的避灾自救措施,以期成功脱险。下面以被矿井水灾围困为例,说明应注意的事项。

1)被围困时的行为原则

(1)当现场人员被涌水围困无法退出时,应迅速进入预先筑好的避难硐室中避灾,或选择合适地点快速建筑临时避难硐室避灾。如系老空透水,则须在避难硐室处建临时挡墙或吊挂风帘,防止被涌出的有害气体伤害。进入避难硐室前,应在硐室外留设明显标志。

(2)在避灾期间,遇险矿工要有良好的精神状态,情绪安定、自信乐观、意志坚强。要坚信上级领导一定会组织人员快速营救;坚信在跟班领导和有经验老工人的带领下,一定能够克服各种困难,共渡难关,安全脱险。要做好长时间避灾的准备,除轮流担任岗哨观察水情的人员外,其余人员均应静卧,以减少体力和空气消耗。

(3)避灾时,应用敲击(如敲打轨道或铁管)的方法有规律、间断地发出呼救信号,向营救人员指示躲避处的位置。

(4)被困期间断绝食物后,即使在饥饿难忍的情况下,也应努力克制自己,决不嚼食有害杂物充饥。需要饮用井下水时,应选择适宜的水源,并用纱布或衣服过滤。

(5)长时间被困在井下,发觉救护人员到来营救时,避灾人员不可过度兴奋和慌乱。得救后,不可吃硬质和过量的食物,要避开强烈的光线,以防发生伤害。

(6)要尽量节省体力,不要做无意义的任何行动,因为每一次体力透支都会对你的生存有害,最终会耗尽你所在空间的氧气。

2)透水后撤退时的注意事项

(1)应通过观察和准确判断透水的地点、水源、涌水量、发生原因、危害程度等情况,根据预防灾害计划中规定的撤退路线,迅速撤退到透水地点以上的水平,而不能进入透水点附近及下方的独头巷道。

(2)行进中,应靠近巷道一侧,抓牢支架或其他固定物体,尽量避开压力水头和泄水主流,并注意防止被水中滚动的矸石和木料撞伤。

(3) 如透水后巷道中的照明和路标破坏了,迷失行进方向时,遇险人员应朝着有风流通过的上山巷道方向撤退。

(4) 在撤退沿途和所经过的巷道交叉口,应留设指示行进方向的明显标志,以引起救护人员的注意。

(5) 人员撤退到竖井,须从梯子间上去时,应遵守秩序,禁止慌乱和争抢。行动中手要抓牢,脚要蹬稳,切实注意自己和他人的安全。

(6) 如唯一的出口被水封堵无法撤退时,应有组织地在独头工作面躲避,等待救护人员的营救,严禁盲目潜水逃生等冒险行为。

(二) 逃生训练

在很多造成重大伤亡事故的背后,遇险者逃生技能、逃生知识的匮乏成为造成众多人员伤亡的一个重要原因。比如,煤矿灾害事故发生后,矿工虽然携带自救器,但由于从未接受过实际的使用训练,灾难来时,慌乱中不知如何使用,结果仍被灾害所吞噬,这样的例子是不少见的。《煤矿安全规程》规定:煤矿企业每年必须至少组织 1 次矿井救灾演习。而现实情况是,很多企业从不或极少开展这样的演练,造成一遇险情或发生事故,遇险者慌乱逃生致灾害扩大,结果多数人本来可脱险但仍遇难,这是很多事故伤亡人数扩大的主要原因。例如,某矿发生特大透水事故,当时水以 1 万 m^3/h 的速度灌入井下,眼看大水快要淹没整个工作面,许多矿工都吓得哭了,慌忙中不知如何逃生。有一采煤队矿工老吴,有 14 年的井下工作经验,此前也经历过一次类似事故有了相应的逃生经验。在他的组织下,一个班组的矿工顺利逃生,全部生还。

由上面的例子可以看出,稳定的心理素质和逃生经验是在灾难中幸免于难的关键。如何逃难,经验和经历至关重要,但这样的经验和经历不是谁都有的,经历过事故并顺利逃生的人毕竟是少数,大部分职工还是无法以这样的方式掌握逃生技能,获得逃生经验。那么,唯一的解决办法是靠训练。

三、救援人员的心理应激反应及易致自身伤亡的不安全心理因素

重大事故救援队伍是抢救遇险受困人员及处理各种灾害的专业队伍,其工作性质决定了救援人员必然面临恶劣、危险的工作环境,因此在处理灾害中,难免引起其自身伤亡事故的发生。造成自身伤亡的原因是多方面的,而应激性心理因素和其他不安全心理则是诱导和促成自身伤亡事故发生的重要原因。下面以矿山救护人员在救援过程中常见的不安全心理为例阐述。

1. 恐惧心理

恐惧心理,是在真实或想象的危险中,个人或群体深刻感受到的一种强烈而压抑的情感状态。恐惧反应是面对应激源时一种预期将要受到伤害或极不愉快的情绪反应,通常产生回避行为。表现为:神经高度紧张,内心充满恐惧感,注意力无法集中,思想陷入停顿,不能正确判断或控制自己的举止,而失去用理智解决问题的能力。其常见的情形有:①救护队员在井

下处理灾害事故时,环境极其恶劣,如得知工作环境有害气体浓度严重超标极易引起中毒或爆炸事故,发现自己的氧气呼吸器发生故障或氧气将耗尽或鼻夹脱落,发生迷路或退路被堵等现象时,就会产生恐惧心理;②新队员实战经验不足,遇到多人伤亡事故惨不忍睹时,也会产生恐惧心理。此时,会造成自己不能自主,失去工作能力而导致自身伤亡事故。

2. 过度应激状态

救援人员在实施救援过程中出现应激状态是正常的,适当的应激状态是必需的。但人在过度应激状态下会使注意、知觉范围缩小,言语不规范、不连贯,行为动作紊乱,严重威胁着人们的生命安全。过度应激状态有时还会造成事故的恶性连锁反应,使灾情扩大。如果队员在救护过程中发现同事遇难,情绪冲动,可能会盲目采取行动,甚至会导致自身伤亡事故的发生。

3. 麻痹与怠惰心理

麻痹与怠惰心理是一种对救护人员构成很大威胁的不安全心理。这种心理在平时表现为贪图安逸,得过且过(如对氧气呼吸器等救援装备不进行认真检查、维护保养等),工作中投机取巧,不按照操作规程操作,这常是导致自身伤亡事故发生的重要原因。

4. 侥幸心理

侥幸心理是一种趋利性的投机心理,也是对救援工作危害很大的一种不安全心理。救灾工作需要果断、勇敢和科学性相结合,不能有侥幸心理和蛮干行为。如有些救护队员认为过去就这么干没出问题,或经常这样做没有出过事,明知是违章操作,还是要坚持去做,抱着侥幸心理去工作。这是不少自身伤亡事故的心理原因。

5. 依赖心理

依赖心理是人们在处理问题时依靠别人或事物而不能自立或自主的思想状态。如在处理事故中,有的矿领导或现场指挥缺乏救护知识,违章指挥,而救护人员盲目服从,完全依赖他人的违章指挥进行作业,不按客观规律和实际情况办事,或者遇到新情况新变化不动脑筋思考,不及时报告问题,纯粹依赖上级的指示,这种无原则的依赖心理也会导致自身伤亡事故。

不过这里需要指出的是,井下救援人员都不是单独作业,而是以小组的形式开展工作,并有上级组织指挥,遵守纪律是必须坚持的基本原则。但对于实际救援中随时可能发生的变化,只有救援小组最为清楚,随时应变并及时报告是正确的做法。

四、对遇险人员心理急救的干预要点

1. 及时传递救援信息,坚定遇险人员生存信心

救援人员应想尽一切办法尽早向遇险人员传递信息,这是十分重要的,因为遇险人员如果得知正在被全力营救,他们就会坚定信心,这样会大大延长他们的坚持时间。事实证明,人在不绝望的情况下,只要有空气和水,支持一周甚至数周都是可能的,但若对逃生已经绝望则很快会衰竭而亡。

2. 在被困人员获救后应及时进行心理干预

对于因矿难遇险而获救的矿工除进行生理治疗外,心理危机干预也必须同步进行。如前所述,经历灾难者有相当比例的人可能会发生应激障碍,导致短时的或长久的心理痛苦。他们在井下经历了恐惧、紧张、绝望等心理应激,将来可能会造成创伤后应激障碍症。所以必须及时跟进心理辅导,时间最好在事发一周之内,通过心理专业人员用交谈、疏导、抚慰等方式,帮助患者进行调整,使当事人从危急状态中走出来,尽快恢复正常心理状态。

五、创伤后应激障碍干预技术

1. 创伤后应激障碍的干预最佳时间

通常认为,灾难发生后24～48h之间是理想的干预时间,6周后效果甚微。有资料表明,事件发生后24～48h之间发生的创伤后应激障碍延迟更长,有的会延续数年或数十年。创伤记忆有时候会被储存在记忆程序中,患者一旦遇到触发性刺激,便会出现某种创伤后应激障碍症状。所以及早进行干预非常重要。

2. 干预技术要点

(1)接触、倾听与理解。以非强迫性的、富于同情心的、助人的方式与幸存者接触,包括肢体的接触与拥抱。认真倾听他说出对整个事件的描述和各种感觉。

(2)鼓励宣泄。合理宣泄是心理调节的一种常用方法,就是通过适当的途径(如交笔友、写日记、唱歌、呼喊等)将压抑的不良情绪释放出来。在"5·12"汶川地震灾害中,甘肃省救援队迅速有效地对灾区的受灾群众实施了全力救助,但救援队员们却因为不断面对灾区的惨状,不同程度地产生了心理应激反应。救灾任务完成后,甘肃心理应急救援中心的专家学者对参与救灾人员进行了长达数天的心理辅导,要求队员们在心理上放松自己,并明确要求参与救灾人员通过洗热水澡、按摩来有效缓解压力,鼓励队员们多参加合唱、运动竞技等文娱活动,应用语言暗示法、注意力转移法、冥想法、倾诉宣泄法等,来缓解因救灾产生的各种心理应激反应。经过数天的宣泄调节,救援队员们逐渐脱离了不良心理的阴影,积极健康地面对工作与生活。需要注意的是,宣泄要选择合理的方式,不择方式与不顾后果的尽情倾泄,可能如火上浇油,反而助长不良情绪,增添新的烦恼。

(3)提供情感支持。调动和发挥社会、家庭和社区等的作用,鼓励多与家人、亲友、同事接触和联系,减少孤独和隔离。

(4)增进安全感(安全确认)。增进当前的和今后的安全感,促进躯体和情绪的放松。

(5)实际协助。给幸存者提供实际的帮助,如询问目前实际生活中还有什么困难,协助幸存者调整和接受因灾难改变了的生活环境及状态,以处理现实的需要和关切。

(6)建立联系。帮助幸存者与主要的支持者或其他的支持来源，包括家庭成员、朋友、社区的帮助资源等建立短暂的或长期的联系。

关于灾难事件幸存者、受害者的心理干预，现在并未有一成不变的或完全正确的一套技术，总的原则应是心理支持、鼓励疏导，以及帮助建立物质和精神支持的资源。

3. 心理疗法

创伤后应激障碍危机干预的目的是预防疾病、缓解症状、减少共病、阻止迁延。危机干预具有短程、及时和有效的特点，因此，干预重点是预防疾病和缓解症状，目前主要的干预措施是认知行为方法、心理疏泄、严重应激诱因疏泄治疗、想象回忆治疗，以及暴露疗法、沙盘游戏、眼动脱敏与再加工等心理治疗技术的综合运用。

(1)心理疏泄和严重应激诱因疏泄治疗。心理疏泄治疗是目前用于帮助创伤和危机个体的最常用方法之一，心理疏泄是一种通过与专业心理医生沟通，将内心的烦恼和压力说出来，从而达到缓解情绪、减轻压力的目的。严重应激诱因疏泄治疗则是一种更深入的治疗方式，主要针对那些在经历严重应激事件后出现心理障碍的患者。这种治疗方法通常包括对患者的创伤经历进行深入的探讨和处理，以帮助他们恢复心理平衡。

在安全生产方面，心理疏泄和严重应激诱因疏泄治疗的应用可以帮助员工缓解工作压力、减轻情绪波动，从而降低因情绪问题导致的生产事故的发生率。通过与专业心理医生沟通，员工可以获得有效的心理支持和疏导，从而更好地应对工作中遇到的挑战和压力。对于那些在工作中经历严重应激事件的员工，及时进行心理疏泄和严重应激诱因疏泄治疗可以帮助他们恢复心理健康，避免因心理问题导致的生产事故的发生。

创伤后应激障碍干预中良好的治疗性医患关系非常重要，它能降低干预产生不良后果的可能性，因此治疗医师如何与患者建立起信任和合作关系以利于早期疏泄干预尤为重要。

有学者认为，与改变人类行为的其他任何努力一样，危机干预同样也存在着危险。其中之一是不成熟的干预，不仅浪费宝贵的资源，而且还干扰某些受害者的创伤自然恢复过程。因此，首先要明确危机的性质，然后再考虑是否需要干预、如何干预，以及估计帮助的后果，要避免对危机进行急功近利、哗众取宠等不成熟的危机干预。

(2)药物治疗。药物治疗是创伤后应激障碍的重要治疗手段之一。目前用于创伤后应激障碍治疗的药物较多，主要有苯二氮卓类抗焦虑药、抗抑郁药、非典型抗精神病药、抗惊厥药等。早期以三环类抗抑郁剂（TCAs）、苯二氮卓类等为主。近十多年来被副反应较少的选择性5-羟色胺再摄取抑制剂（SSRIs）取代。SSRIs抗抑郁药疗效和安全性好，不良反应轻，被推荐为一线用药。理想的药物治疗是能够针对特定的生理心理系统的作用选择特殊类别的药物。然而，目前多数关于创伤后应激障碍的药物治疗，还是使用抗抑郁剂和抗焦虑剂，也就是对症治疗。在使用中应以抑郁、焦虑量表作为临床检测。药物治疗对创伤后应激障碍病人至少有3种潜在的好处：改善症状、治疗共病疾患、减轻会干扰心理治疗及日常功能的相关症状。

思考题

1. 什么是事故心理调查分析？它对危机干预有何重要性？
2. 如何进行事故心理调查分析，以了解事故对相关人员造成的心理影响？
3. 探讨事故心理调查分析的方法和技术，如何确保分析的准确性和有效性？
4. 事故心理调查分析应关注哪些方面的心理问题？如何评估相关人员的心理状况？
5. 如何根据事故心理调查分析的结果，制定针对性的危机干预措施？
6. 如何为事故幸存者、遇难者家属和其他受影响的人员提供适当的心理支持？
7. 如何平衡事故幸存者和家属的心理需求与实际支持资源之间的矛盾？
8. 探讨危机干预的效果评估方法，如何衡量干预措施的有效性？
9. 如何将事故心理调查分析与危机干预纳入企业或组织的应急管理体系中？
10. 如何提高企业或组织对事故心理影响的认知和应对能力？

【实例13】　　　　　　　　矿难救援史的奇迹

××公司某煤矿是一个在建矿井,由于在施工过程中存在违规违章行为,工作面出现"掌头煤层压力增大,煤壁挂汗并出现异味、出来的煤是湿的、工作面有渗水情况"等透水征兆后,没有按照规定及时撤人和采取有效应对措施,于2010年3月28日14时30分许发生一起透水事故。当班下井261人,升井108人,153人被困井下。

调查组初步判定,水是从某建设有限公司所属的27队作业面涌进来的。可能是工人在井下打矿道时,意外凿穿了废旧煤窑,导致旧窑内13万 m^3 的老空水冲进巷道。

自矿难发生后,上至党中央、国务院,下至国家安全生产总局和地方政府,对救援工作给予了不惜一切代价的投入,以人为本、生命至上的态度非常明确。

4月5日15时40分左右,在矿难发生192个小时后,王家岭煤矿有115名被困工人成功获救。

从现场救援情况来看,有两个非常重要的特点。

(1)坚定信念、众志成城、科学施救,为抢险救灾取得胜利奠定了坚实的基础。事故发生后,从中央到地方、从指挥员到战斗员"不抛弃、不放弃、不能少一个"的共同目标是取得最后胜利的法宝。在各级领导的亲切关怀和正确领导下,经过8个昼夜的艰苦奋战,在矿难发生190h后救出了大部分被困矿工,成功创造了中国矿难救援史上的一个奇迹。

(2)被困人员自救意识强,自救互救措施得力为取得最后的胜利起到了决定性的作用。当水灾袭来之时,来不及逃离的矿工在老工人或值班队长的带领下,积极进行自救或互救。有的矿工顺势爬上被水冲过来的空矿车上避灾,有的矿工则紧紧抱住巷道内的棚子不松手,水头过去水流稳定后,将自己的灯带、腰带解下,再把自己的工作服撕成条把自己捆吊在棚梁上等待救援,避免被水浸泡和消耗体力。更值得称赞的是有一个掘进队的值班领导,在退路被水封堵后,沉着冷静,科学判断,带领员工展开自救,利用现有装备和材料开辟出了一条生命通道。

主要参考文献

陈腊根,宋斌,2008.榨里一号井"8·16"透水事故救援案例分析[J].江西煤炭科技,1:9-10.

仇九子,杨戍,李春华,2010.王家岭"3·28"煤矿透水事故救援分析[J].中国应急救援(5):27-29.

杜文东,2018.心理学基础[M].北京:人民卫生出版社.

李素萍,张爱霞,张红玲,等,2011.山西"3·28"王家岭煤矿透水事故获救矿工创伤性应激反应分析[J].山西医科大学学报,42(4):300-303.

栗继祖,2007.安全心理学[M].北京:中国劳动社会保障出版社.

栗继祖,2009.安全行为学[M].北京:机械工业出版社.

栗继祖,2012.安全心理学[M].徐州:中国矿业大学出版社.

栗继祖,2015.心理致因的事故案例分析[J].现代职业安全(6):116-119.

栗继祖,尹贻勤,2012.安全心理学[M].徐州:中国矿业大学出版社.

刘贤龙,2006.福建省煤矿透水事故分析与防治[J].能源与环境,6:72-75.

"'绿十字'安全基础建设新知丛书"编委会,2014.安全心理学运用知识[M].北京:中国劳动社会保障出版社.

毛海峰,2004.安全管理心理学[M].北京:化学工业出版社.

彭聃龄,2018.普通心理学[M].北京:北京师范大学出版社.

邵辉,邵小晗,2018.安全心理学[M].2版.北京:化学工业出版社.

杨明军,2013.王家岭煤矿"3·28"透水事故救援措施与分析[J].神华科技,11(3):42-44,55.

杨鑫刚,2021.安全心理学[M].北京:北京理工大学出版社.

臧吉昌,1996.安全人机工程学[M].北京:化学工业出版社.

张卫,刘学兰,许思安,等,2019.心理学[M].北京:高等教育出版社.

张杨,崔利军,栗克清,等,2008.增补后的一般健康问卷在精神疾病流行病学调查中的应用[J].中国心理卫生杂志(3):189-192.